喝遍義大利 II
品種漫遊

Aglianico、Barbera、Canaiolo……
深入 20 大區酒廠與莊園、體驗超過 120 個葡萄酒品種，
連結地方風土深度指南

喝遍義大利 II
品種漫遊

Aglianico、Barbera、Canaiolo……
深入 20 大區酒廠與莊園、體驗超過 120 個葡萄酒品種，
連結地方風土深度指南

陳匡民 著

積木文化

目次

推薦序

──黃偉能

西元79年秋天,維蘇威火山開始噴發時,龐貝是個人口兩萬的富裕城市。大部分居民於噴發初期就已逃離,兩天噴發結束後,城市已經淹沒在厚達六公尺的火山灰之下。經過兩百年不間斷的挖掘,現在還有三分之一、約二十公頃沒有開挖。從被高溫火山灰覆蓋,有機物質分解後留下的空穴、焦糖化的葡萄和碳化的籽來看,圓形劇場對面曾經以為是牛市的廣場Forum Boarium,現在確定是葡萄園,估計種有兩千株葡萄樹。葡萄園旁邊還發現有榨汁設備和埋在土裡的大型赤陶容器,足以容納超過一萬公升的葡萄酒。

考古證據顯示,釀酒葡萄的起源地是黑海和裡海沿岸及其南邊的安納托利亞高原(Anatolia Plateau)至兩河流域。號稱最早葡萄酒釀造的科學證據至今還有一些爭議,包括八千年前喬治亞陶製容器內的葡萄殘留物,但六千年前亞美尼亞的釀酒洞穴有可靠的科學證據。最早栽培釀酒葡萄的時間,可能介於西元前五千至八千年間。一般認為,航海民族腓尼基人(Phoenician)和希臘人把葡萄酒傳播到地中海沿岸,但2012年西西里Agrigento附近的克隆尼奧山(Mount Kronio)地熱洞穴內也發現了六千年前的釀酒陶甕和殘留物,把葡萄酒在西歐的歷史往後推了三千年。所以釀葡萄酒歷

史超過五千年的國家有伊朗、亞美尼亞、喬治亞、希臘,以及義大利。目前為止,法國最早的葡萄酒證據,是西元前五百年裝在義大利中部伊特魯亞人(Etrusco)雙耳陶甕內的進口葡萄酒,但不到一百年,法國人就開始自己釀酒了。之後羅馬人登場,這些和葡萄酒歷史有關的地方,後來都成了羅馬帝國的疆域。隨著帝國的擴張,葡萄的種植也傳播到歐洲各地,因為軍團的伙食需要葡萄酒。非常多的葡萄酒。

羅馬帝國滅亡後,由於基督教的興起和葡萄酒在教會儀式的象徵意義,修道院開始種植葡萄並釀酒,持續不間斷超過千年,除了精進葡萄種植和釀造技術,也意外保存了很多古老品種。

現代義大利的監獄,晚餐提供每人250c.c.的葡萄酒,還可以自費加購500c.c.。介於義大利和科西嘉之間的戈爾戈納島(Gorgona)上的監獄有葡萄園,和著名酒莊Frescobaldi合作釀酒,申請移監去種葡萄要排候補名單。有些監獄生產農產品,甚至開設對外營業的餐廳。根據官方統計,服刑者有一技之長後,累犯再回監獄的比例低於平均的一半。

從古至今,飲食一直是義大利文化中極為重要的元素,滲透進了社會的所有層面。英國《經濟學人》(The Economist)雜誌以輸出和輸入觀點評一個國家的飲食行為,而義大利

是出超最嚴重的國家，遙遙領先第二名的日本。《美國新聞與世界報導》（*U.S. News & World Report*）以八項指標評一個國家的文化影響力，義大利也排第一。但身為第二次世界大戰的戰敗國，義大利戰後經歷艱辛的重建，經濟發展的過程中農村人口外流，務農難以維生，外銷的葡萄酒曾經以量大價廉為主，名聲不好。尤其飲食偏好的慣性很大，常決定於最初接觸的經驗。喝某些國家葡萄酒入門的消費者，對陌生的其他產區都已不易接受，何況風格差異更大的異國葡萄酒。義大利葡萄酒普遍高酸度的風格，有時也造成障礙。

其實義大利不但有國際品種、國際風格的葡萄酒，也有傳統品種、國際風格的葡萄酒。國際化並不一定等於變好，只是更熟、更甜美、更多新橡木桶、更高分也更貴，滿足部分消費者。義大利的國際品種也常在品飲中勝過各國名酒（這一點都不難，不是嗎？）但是義大利的寶藏仍是各地風格迥異的特色葡萄品種，對於厭惡均一化、喜歡獨特性的消費者，有難以抗拒的吸引力。

義大利是延伸入地中海的狹長半島國家，地形和氣候多變，有全世界最多的原生葡萄品種，光是龐貝所在的Campania大區就有超過一百種。一本講義大利特有葡萄品種的書，聽起來就很冷門，但即使是這樣的書，能談的也只是義大利釀酒葡萄中比較著名的少數，而且對一般消費者來說，很可能品種名稱和產區地名都同樣陌生。但是就如義大利有些絕美的景點，並不在所謂的四大名城或五大名城內，文藝復興三傑之外還有其他偉大藝術家，知名度有落差、受到的關注較少，但優秀特出毫不遜色。

匡民的第二本義大利葡萄酒書帶領我們去往一些未必最有名、但很有特色和個性的產區，其中有些真的相當偏遠，觀光客絕對不會踏足。她還極為任性地租了摩托車騎山路去酒莊，可以想見一定對別人造成不少困擾，讓人對這種魯莽的行徑佩服不已。大家一定可以從字裡行間感受到她對義大利葡萄酒的愛，希望這個愛能傳達給每一位讀者。

推薦人簡介

黃偉能｜美國密西根大學物理博士，現於大學任教。對義大利葡萄酒情有獨鍾的他，也擔任德國葡萄酒同好會會長，不只是全臺灣坐擁最多葡萄酒書的資深愛好者之一，也偶爾以「非專業」葡萄酒作家的身分撰寫業餘文章。

前言：
學義大利酒
先學 The Italian Way

　　早上9點，小朱（Giulio）看著我：「好了嗎？」他問著。「我們出發吧！」

　　小朱是友人的義大利朋友，也是我在Barolo村停留半個多月所寄居的公寓主人。公寓樓下是一家知名專賣店兼葡萄酒吧，吸引許多遊客專程造訪；只要一分鐘的步程，就能遇到另一家也經營民宿的知名葡萄酒生產者。

　　這位住在義大利葡萄酒聖地中心的年輕小夥子，雖然不是生於Barolo村，但也是在鄰近村落出生長大的「本地人」。長

得聰明帥氣、乾乾淨淨的他，還剛巧是鄰村一家頗負盛名餐廳的侍酒師。他雖然喜歡葡萄酒，但更愛賣酒。據他表示，他不只精於此道，還很樂在其中。比方他就觀察到：「上了年紀的觀光客通常都願意花大錢，我就會盡量推薦有名的酒，他們往往也都會買單。本地的常客當然就不一樣，大家會比較想要物美價廉的東西，很少有人會點名酒。」小朱偶爾會自誇他對餐廳業績貢獻卓越，還因為精算出自己能提升的營業額、成功說服老闆替他加薪。然而，這位精明又有想法的年輕人，其實

過著早出晚歸、沒有週末，起床就得飛車上工、下午空班回來倒頭就睡，總要到深夜才能返家的服務業倉鼠人生。

他雖然也很上進，研讀函授的義大利侍酒師課程，但是對義大利酒，他倒並不像我認識的許多亞洲同業那樣，仰賴所謂的專業媒體或酒評資訊。「那你怎麼知道哪家的酒好不好？」我好奇著，小朱倒毫不遲疑：「有機會的話，我會去拜訪附近的生產者，自己去喝他們的酒。」他接著解釋：「如果還有其他想知道的事，我會去問樓下專賣店的小史（Stefano）。我跟他很熟。」最後他強調：「我知道他懂很多，也認識很多酒廠的人。」

有趣的是，我在熟識的生產者身上也看到幾乎同樣的態度。大家對英、美、法、義等的知名葡萄酒媒體似乎不太在意，反而普遍更信任自己、或自己認定的「品味正確人士」的判斷。我發現他們仰賴朋友圈裡的口耳相傳，勝過各種「狀似公正的第三方」提供的資訊。這讓我想到曾有義大利生產者跟我抱怨，說自家酒廠因為地處偏遠，因此連很多義大利酒評人都懶得前往。這位莊主甚至批評，說許多當地酒評人其實也就只和特定幾家酒廠熟識，所以每次報導範圍都侷限在那幾家，讓我啼笑皆非。

儘管小朱很忙，他仍熱心地想盡地主

之誼，於是他決定在難得的休假日帶我去附近走走。第一站，就是先前往距離此處半小時遠的附近村莊探望他母親。在燦爛的春陽下，我在街邊的咖啡座，一邊喝著當天的第二杯咖啡、一邊見證義大利式的母子濃情。沒多久，小伙子和母親告別，接著瀟灑地跟我說：「走吧，現在可以帶妳去逛逛了。」

對於久居在亞洲人口稠密區的我來說，當時還無法想像，自己和小朱對於「逛逛」這個說法，竟能有如此截然不同的定義。由於葡萄酒產區往往位在偏遠郊區，因此除了鎮中心能找到幾條帶有商業「氣息」的街市外，再來就只剩教堂、廣場和偶爾一遇的市集，周圍往往無處可去。果不其然，在小朱驅車抵達某個他曾居住過的小鎮，帶我用十分鐘走完鎮上幾條街後，我們推開一家有著閃亮玻璃門的「BAR」[1]，真正開啟義大利人的一天。

「妳不介意我們來點Aperitivo吧？」小朱提議。在義大利稱為Aperitivo的開胃酒或餐前酒時光（照我說，應該是「無時無刻」餐前酒），其實往往在酒之外，還包括很多食物。當然，身為葡萄酒作家，我對任何能品嚐葡萄酒的機會都得把握。儘管當時我倆各點了什麼酒我已印象模糊，但我卻清楚記得，該是在午餐前的十一點多，我倆已經愉快地就著兩杯當地

1. 義大利的「BAR」是全方位的多功能飲食與服務據點。可以喝咖啡配麵包吃早餐，也提供像迷你 PIZZA 或提拉米蘇等甜鹹點心，還能搭配從咖啡、氣泡酒到各種酒類，從下午茶一路吃喝到凌晨。很多「BAR」也販售香菸或車票，還常是地區的社交八卦中心和退休老人消磨時光的地方。

特產葡萄酒，掃完幾盤火腿、三明治和迷你披薩。還不到中午，我已經有用完午餐的酒足飯飽，離開BAR的時候，小朱似乎比早上出門前更神清氣爽，興致勃勃地驅車帶我趕赴下一站。

　　記得在上一本《喝遍義大利》（積木文化）出版後，我常碰到有人和我抱怨，說義大利葡萄酒太難懂難學。不只內容龐雜紛亂、產區和品種數量眾多，尤其還有複雜的法規、五花八門的產區和標示，甚至才稍有興趣就被各種相互矛盾、複雜難解的名稱或資訊弄到想打退堂鼓。然而我在義大利當地接觸到的人，無論警察、酒保、計程車司機還是公務員，甚至像小朱這樣的侍酒師，他們可能也並不清楚義大利複雜的產區、不一定能掌握自己喝的是什麼品種，但都清楚自己**手上那杯義大利葡萄酒能帶給他們的，是愉悅、歡欣和享**

受，而非恐懼。當然，某些葡萄酒還能為某些人提供更多感性或智性的附加樂趣，但那都是在關係更進一步以後的事了。就像小朱也是先餵飽我，才開始展示他的過去。

　　車子接著停在某個山野間，由樹林和峭壁懸岩構成的荒涼山谷。這裡因為景觀特殊、人跡罕至，因此不只是當地青少年常聚眾探訪的祕境，也是小朱幾年前曾失足墜落，跌到差點失去記憶、半身不遂的意外發生地。我們在曠野間漫步約十來分鐘，小朱就又突然想起什麼……「我得去找個餐廳的朋友」他說，沒過多久，老爺車已停在某餐廳外。小夥子雖然實際上是去訪友兼談事，倒還世故又仗義，點了兩杯香檳幫襯業績。於是在他和朋友談正事的同時，我也忙著埋首消滅單杯香檳和更多佐酒小菜。這些不外乎番茄、火腿、起

士、麵包、橄欖等的食物，在當地隨便都能到手，也和任何送上來的酒——不分貴賤——全都有幾近完美的搭配。

美好的一天至此才剛過一半，第二段歡快的Aperitivo時光卻已經讓我意識到胃袋的極限。即便有像香檳這樣因酸度鮮明而極度開胃的葡萄酒，我都暫時無法再容納任何飲料和食物了。終於，小朱想到La Morra村可以遠眺周圍葡萄園景致的高臺，或許是吹風散步、消滅飽足感的好地方。那日午後太陽正好、風也夠大，就在我把周圍有趣的景緻差不多納入鏡頭後，小朱興奮地說：「我們去找小馬（Matteo）吧，他就在附近吃飯！」小馬是小朱的餐廳同事，也是把妹手段略遜一籌的內場二廚。

當下，我已經確定自己塞不下任何食物，但義大利人顯然早已習於透過充滿肢體語言的歡快對話來消耗能量，甚至藉此調節身體的飽足感。和我一樣經過兩輪快樂Aperitivo時光、嚥下約等量食物與酒精飲料的小朱，顯然還沒飽（當然，他比我年輕許多而且身材高瘦）。才進餐廳，我們除了幫小馬消耗他點的整瓶白酒，小朱還要了豐盛的起士盤。各種淋著蜂蜜、搭著果乾和堅果的美味起上，此時於我而言，就像是先前在山谷林間出現的一塊塊巨石，只可遠觀而難以褻玩。我就這樣看著兩個年輕人一杯又一杯、一口接一口，中間還穿插不少面識友人來湊熱鬧的橋段，待他倆的義大利式午餐終要告一段落，已經是我在亞洲該吃完下午茶的日落時分。

告別小馬，我以為年輕侍酒師一天下來，也該到稍作歇息的時候。果不其然，他終於動了想回家的念頭，只不過他口中

的「回家」並不是真的回家，他像是終於想起什麼似的：「記得我跟你說過那個在我們家樓下的酒吧嗎？今天終於可以一起去了。小史超厲害的，他什麼酒都懂，他是我好朋友！」儘管日落在即，但是一位熟知「義大利酒」的當地葡萄酒嚮導，對我當然有莫大的吸引力。

好巧不巧，才推開酒吧大門，我們就發現吧檯邊上的兩位美女，正好是日前拜訪酒廠才結識的新朋友，她們正享受晚餐前美好的Aperitivo。一見到居然有兩位精通義語和葡萄酒的東方美女，小朱就像是剛充飽電的手機，一甩方才的疲態。而我也在這家水準極高的專業葡萄酒吧裡，喝到當天第一杯值得一提的「好酒」。那是名廠Giuseppe Mascarello的Freisa，滿是草莓和紅色漿果的清新迷人，多汁多酸又有飽滿果味的鮮潤口感，除了盡顯品種本色，還嬌俏可愛、美味至極。就在一票人都因為好酒和舒適愉悅的環境莫名地感到飄飄然之際，跟著我們的酒一起上桌的起士、橄欖和堅果，沒過一會兒也被消滅殆盡。

此時我感覺自己的胃，微妙地處於無法判別餓或不餓的麻木狀態，但是耳邊卻傳來美女們的邀約：「我們等下要去吃披薩耶，要一起來嗎？」一旁的小朱滿是興奮道：「我今天剛好也要做披薩，不如你

們外帶來我家，大家一起比比看如何？我的麵糰可是昨晚就發好的，保證比妳們的好吃！」連我都被當下的氣氛帶動，跟著幫腔：「來啊來啊，家裡剛好有前兩天去拜訪酒廠帶回來的大瓶裝Magnum酒可以開。」至此，我已完全無視當天經歷的四段「Aperitivo馬拉松」，感覺自己的胃幾乎像心臟，連暫停半秒的空檔都沒有。

終於在八點過後，我和小朱在公寓迎來兩位美女。烤箱裡昨晚就準備好的麵糰正努力成為美味的披薩，大瓶裝的陳年Barbera紅酒，則在與世隔絕多年後，緩緩地在酒杯裡吸氣甦醒。儘管我們正準備迎接的，嚴格來說是今天的「第一頓正餐」，但實際上我的胃卻經歷了前所未有的馬不停蹄。與此同時，兩種不同來源的披薩香氣在廚房裡匯集，空氣中還夾雜著葡萄酒飄出的濃濃果杳。

一眨眼歡樂的兩個多小時過去，廚房裡終於只剩下小朱和我。大瓶裝的陳年Barbera還沒喝完，桌上又多了瓶新開的Brunello。我不記得席間眾人是否提及關於Barbera產區的風土人文或Brunello的優劣年份，我只記得那晚的氣氛極其融洽和樂，每個人都度過了難忘的愉快夜晚。及至午夜，當我終於在客房床上，因為過食而難以入眠，才突然想到：**自己似乎從沒**

真正學習過義大利葡萄酒。

那種頓悟，就像親睹牙牙學語的孩童迸出人生中第一個完整的句子。我之所以會對義大利葡萄酒充滿愛，除了要歸功這不可思議國度上，每每超越我想像、為我打開一扇又一扇新窗的各處風土、各地人情外，或許也正因為……**我從未意識到自己在「學習」義大利葡萄酒**。儘管我也參加過要價不斐的專業課程、為了最終沒通過的考試而辛勤研讀不少書籍、喝酒買酒的錢也沒少花過，但我從不認為我是在「學習」義大利葡萄酒。我只是很自然地被吸引、很自然地有興趣品嚐、很自然地喝了想知道更多、知道更多後又更想喝，或很湊巧地喝了又被感動而已。而這一個個正面循環，卻從未被「看不懂義大利文」、「產區分級怎麼那麼奇怪」之類的負面疑問打斷。

對我來說，這就像學習母語，也是我心目中學習任何事物的理想過程。例如，倘若你是先愛上Amarone的甜美濃郁，或許才會想去探究「原來釀酒竟然是用風乾葡萄，難怪能濃甜美味」。又或者，你是無意中發現Nebbiolo這個品種竟然能有南轅北轍

的風味差異，才會想詳加比較，得出「產區之間的風格差異」。於是，這一切都更像是遊戲，又或者一場沒有終點、可以持續向未知前進的旅程。

因此我認為，「學習」義大利葡萄酒所需無他，可以是遍歷無數美味的義大利餐點、看過各地從不準時的時鐘、著迷於旅途中常會打不開的火車車門、又或者被迫在幾個不想下車的地方意外停留。一旦你**對義大利生出無限愛意**（或偶爾也可能愛恨交織），就已經踏出學好義大利葡萄酒的第一步。又或許，從「無時無刻」、「隨時隨地」的Aperitivo開始，也會是不錯的另一種選擇。

本書的完成，要感謝積木文化全體同仁、再次慷慨作序的黃偉能先生，感謝所有曾和我分享義大利葡萄酒美好的眾多酒友、所有在過程中協助我的義大利葡萄酒進口商。另外還要特別感謝帥氣可愛的Giulio Savio先生、美麗堅毅的Nicoletta Bocca女士，旅途上相遇的每一位義大利生產者，沒有你們的熱情分享，這本書將會只是空洞的想像。Grazie a tutti（謝謝大家）！

FEDERICO GHISOLFI

PART 1
重點觀念

看懂義大利酒標

解構酒標 123

義大利葡萄酒的酒標，是許多人學習義大利葡萄酒時遭遇的第一道關卡。事實上，只要先理解背後的邏輯，就能抓出重點，接著就會發現義大利酒標一點都不難，反而異常簡單。義大利葡萄酒標的內容組成，可以簡化為下面三大部分，多數可能三者皆有，也有更簡單明瞭的標示。

1. 酒名：也許是希望能更好記，總之義大利人很愛給酒取名字。這些往往在酒標上佔據最大字體和最重要位置的「Fancy Name」，往往是由生產者取的，千奇百怪。其中有些可能是表達心情（例如「詩與遠方」），也可能是用來紀念家裡的祖父祖母或兒女寵物，當然還有像前陣子在本地引起熱議的「劍人夕鶴」……這些純屬裝飾的酒名，往往是和酒質最無關的可忽略資訊，除非一款酒成為名酒，大家才會記得它的名字。

2. 生產者或酒廠名：酒標上和酒質、酒價都極度相關的最重要資訊。就像剪髮造型美不美要看找哪位設計師一樣，酒好不好喝的關鍵就是生產者。生產者的數量之龐大，可以是擁有數公頃農地的獨立小農，或每年動輒能產出數百萬瓶的大型企業。

3. 產區、級別：這也是讓很多人很困惑的DOC（Denominazione di Origine Controllata，法定產區葡萄酒）或DOCG（Denominazione di Origine Controllata e Garantita，法定產區優質葡萄酒），以及其他重點關鍵字會跟著出現的標示。在分級金字塔中，屬於DOC或DOCG哪一級，並不代表酒質的高下，只代表酒的生產符合該級別的各種要

求。知道一款酒來自哪個產區，則有助於理解酒的風格類型或基本風味樣貌，對於很多並不另外標示使用葡萄品種的義大利酒來說，某些產區分級可以讓大家一看就知道用的是哪個品種。例如「Barbera d'Asti DOCG」，就必須是來自Asti產區的Barbera（巴貝拉）品種。又或者像巴羅洛「Barolo DOCG」，雖然酒標上不會標明，但明眼人一看就知道此為100%的Nebbiolo品種。

酒標關鍵字

造成許多愛酒人困惑的義大利酒標上，除了能看到義大利人各種藝術天分的展現之外，其實還充滿許多純屬裝飾性的不必要資訊。不過，關鍵字詞還是有的，比方下列的這幾個，就是除了最重要的生產者名稱以外，少數能影響酒款風格或價格的重要資訊。

1. 傳統產區Classico：代表一款酒出自歷史悠久的傳統產區。相較於沒有這個字樣的同酒款，往往是來自經過擴大之後的更廣闊生產區域，這些生產範圍較侷限的Classico酒往往代表較優越的品質（雖然還是有例外）。例如最常見的Chianti和Chianti Classico、Soave和Soave Classico等。

2. 陳年酒款Riserva：通常指經過較長培養期的酒。由於基本上，往往是那些使用更成熟果實、酒質也更濃郁、醇厚的酒才需要（或經得起）較長的培養期，因此這類酒相較於同款的非陳年版本，通常也有較高的價格，且可能代表更濃厚的酒質、更高的酒精濃度，當然也有可能只是很不幸地經過無謂的過度培養。

3. 優等酒款Superiore：這個規範酒款必須具備較高酒精濃度的標示，往往用來限制葡萄在收成時，熟度必須達到多少度酒精。因此達到較高規範酒精度的優等酒款，實際上就代表葡萄的熟度更佳、酒質較濃郁，也可能經過較長期培養。這個標示的實際意義和陳年酒款相近，但兩者使用起來卻有微妙差異。例如常見的「Barbera d'Alba Superiore」代表比一般Barbera d'Alba的酒精濃度稍高；而「Valpolicella Classico Superiore」，就比單純的Valpolicella勝在產自範圍較小的Classico，且有較高的酒精濃度、代表較濃郁的酒質。

同一語意，用字萬千

記得曾經在義大利的酒展場旁，看到也來湊熱鬧的食品參展商展出各種形狀奇特的義大利麵，眼花撩亂到幾乎像在看義大利麵表演瑜伽。然而，性格不以精確著稱的義大利人，在用字遣詞上卻很講究，除了不同形狀的義大利麵各有名稱，就連在日常生活裡的常用字彙也不放過。例如「窗子」在飛機或火車上，就有「小窗」這類不同的專用詞彙。所以，單單是義大利葡萄酒標上代表「酒莊」或「酒廠」的字詞，就有各種不同的名稱，來強調其間或有或無的細微差異，對喜愛義大利葡萄酒的外國人來說，這些就都只能是增進義大利詞彙的無止盡學習了。例如：

公司或商業組織Azienda：酒標上常見的Azienda Agricola就代表農場或酒莊，但更強調農業（Agricola），通常指同時擁有葡萄園和酒廠。也有人用Azienda Vinicola，在字義上更強調製酒或酒廠（Vinicola）。

酒廠或酒窖Cantina、Cantine（後者為複數型）：等於英文的Winery或Cellar，可以是一家餐廳的地下酒窖，也可以泛指酒廠，或是酒廠中實際進行釀酒的酒窖。

房子或農莊Ca'、Casa、Cascina：重點在房子，比方農夫住的房子，許多農家型生產者常用這個字。

農場或農莊Fattoria、Cascina：這兩個基本上算同義詞，是許多農家型生產者常用的字，但也可能是複數農地或莊園的組合。

莊園或農場Tenuta、Tenute（後者為複數型）：強調擁有土地。

農場、農莊、莊園Podere、Poderi（後者為複數型）：和指農場的Fattoria、指莊園的Tenuta基本算同義詞，更強調由單一家庭所建。

馬賽里亞Masseria：原指常見於義大利南部（特別是Puglia大區一帶）的傳統建築樣式，包括主屋和馬廄、穀倉等在內的一系列農莊建築。然而，這些建築現多被用作產酒莊園，因此常指帶有農地的較大規模莊園（酒廠），也可用於休閒度假用的豪華莊園。

生產者Produttori：常用作生產合作社名稱，如著名的Produttori del Barbaresco等。

酒標判讀 So Easy

有酒名

酒名

PASSITO DI PANTELLERIA — 產區級別（注意下面那行細小的字 就 是 DOCG 的全名）

DONNAFUGATA® — 酒廠名

酒廠名 — LIBRANDI

DUCA SANFELICE — 酒名

CIRÒ DOC RISERVA — 產區級別

無酒名（簡單明瞭）

酒廠名 —— 'A VITA

級別 —— *Riserva*

產區 —— *Cirò*

DENOMINAZIONE DI ORIGINE CONTROLLATA

酒廠名

酒廠名 —— BOSCARELLI

產區級別 —— *Vino Nobile di Montepulciano*

BARBERA D'ALBA —— 標示品種的產區級別

DENOMINAZIONE D'ORIGINE CONTROLLATA

PRODOTTO E IMBOTTIGLIATO DA

GIOVANNI CANONICA —— 生產者名

AZ. AGRICOLA IN BAROLO-ITALIA —— 酒廠類型

750 ML e ITALIA 13,5% VOL.

ENTHÄLT SULFITE   L. BA 2006
CONTIENT SULFITES

II

理解義大利釀酒
葡萄家族、集團、產區

義式親戚一籮筐

我不知道在其他國家，這樣的情況是否常見。只能說，發生在義大利，這一點都不教人意外。是的，義大利的國情並不以精確聞名，因此在釀酒葡萄界也存在無數令人困擾和混淆的例子。有些生理上（例如基因）完全無關的葡萄，卻基於各種理由，因緣際會有了相同或極類似的命名；也有些如今被確定基因極度雷同（但仍可能存在細微變異）、幾乎可以確定是同一種的葡萄，卻在各地分別有不同名稱。於是，這些被歸為同一個葡萄家族或集團中的成員，可能有紅有白，來自各地。要弄清這些數量繁多、關係複雜的葡萄，也幾乎不可能。重要的是，不管面對看似多荒謬的怪奇事蹟，都要做好心理準備：「在義大利，一切都有可能！」

葡萄家族：在基因上互有關聯的品種

🍇 **Moscato蜜思嘉**：儘管仍有例外，但多數的蜜思嘉葡萄，都有著或多或少的親戚關係。這些皮色從黃到粉紅、淡紅深紅的不同蜜思嘉，都能有從橙花、鳳梨甚至到玫瑰、蜂蜜的濃郁香氣，因此廣受歡迎。

主要成員

Moscato Bianco白蜜思嘉：在Piemonte用來生產著名「把妹酒」，是香甜中帶有些微氣泡的Moscato d'Asti所用的品種，也是家族中最常見的成員。

Moscato di Alexandria、Zibibbo亞歷山大蜜思嘉：被認為是Moscato Bianco的後代品種，主要在西西里島及附近的離島Pantelleria，被做成濃郁芬芳的不甜和甜白酒。

Lambrusco藍布斯柯： 在Emilia-Romagna大區，產出從甜到不甜的各種同名氣泡紅酒。這個很可能是義大利最古老原生品種的葡萄家族，常伴隨可愛的花果芳芬，除了是當地火腿的最好搭配，也很適合搭佐各種中式或臺式菜餚。

主要成員

Lambrusco di Sorbara索巴拉藍布斯柯：帶有紫羅蘭香氣的家族最古老成員，往往能酸鮮輕盈細巧，也是我的最愛。

Lambrusco Grasparossa葛拉斯帕羅紗藍布斯柯：在家族中風味相對豐厚強勁，常有黑櫻桃和黑李風味。

Lambrusco Salamino薩拉米諾藍布斯柯：種植最廣的家族成員，常和Lambrusco di Sorbara做混調。

葡萄集團：在基因上無關，卻因歷史文化有相同或類似名稱

Malvasia馬瓦西亞： 集團成員總數至少17個的無所不在品種，其中絕大多數基因並不相同，但又免不了有幾個共享相同的基因。在歷史上，名為Malvasia的葡萄酒曾享有盛名，於是引來各處競相「山寨」，最終所有阿貓阿狗葡萄都叫這個名字，也讓這名稱成為「歷史名牌」。

主要成員

Malvasia Istriana伊斯特拉馬瓦西亞：能產出品質優異的Malvasia品種，最常見於Friuli-Venezia Giulia大區。能做成細緻帶有淡雅花香的不甜白酒，或展現出類似Riesling的汽油風味和礦物感。

Malvasia di Candia Aromatica坎蒂亞芳香馬瓦西亞：以芳香聞名，常有更濃郁香氣和更多熱帶水果風味，最常見於Emilia-Romagna大區。

Greco葛雷科：在義大利文中，「Greco」代表的字面意義是「希臘的」。所以想像，各種真正來自希臘、可能來自希臘、只在想像中源自希臘的，都可能被冠上這個名字。隨著「希臘風」盛行的時間愈久，各種「山寨希臘某某」也愈多，終於讓這個名稱也成為某種「歷史名牌」。

主要成員

Greco葛雷科：葡萄名稱，而用這種葡萄釀成的白酒，則是更冗長地叫作Greco di Tufo。用Greco釀成的酒，可以有絕佳的深度和結構，也有陳年潛力，因此被認為是義大利頂尖白酒品種之一。相較於常被提及的豐厚油潤質地，我個人更偏好酒中表現出的鮮明酸度和結實礦物感。

Greco Bianco白葛雷科：同樣是葡萄名稱，但是將這種葡萄經風乾後釀成的、帶有蜂蜜氣息的濃厚甜白酒，則是屬於Calabria大區的Greco di Bianco DOC。

Trebbiano特比亞諾：儘管本集團的大多數成員並沒有共同的基因，但卻因為果串大且長的共通外型特徵，以及晚熟、容易適應環境的性格特點，而在過去常被認為是同一個品種。

主要成員

Trebbiano Abruzzese阿布魯佐特比亞諾：葡萄名稱，而用這種葡萄釀成的白酒名稱，則是Trebbiano d'Abruzzo（特比亞諾阿布魯佐）。看到這裡，是覺得似曾相識還是混淆不清呢？因為絕大多數時候，像Malvasia di Lazio這樣的名稱，代表的都是「來自Lazio大區的Malvasia葡萄」，所以少數不能套用這種規則的（例如前面的酒款Greco di Tufo），反而成了特殊的例外。這種能帶有檸檬、桃子和白花香氣的白酒，表現絕佳的時候，還往往能兼顧爽口酸度和礦物風味，雖然更多時候，你遭遇的可能更像另一款平凡無奇的品種Sauvignon Blanc。

Trebbiano Toscano托斯卡納特比亞諾：義大利最常見的白酒品種，在法國則被稱為Ugni Blanc，用來釀白蘭地。因為能有清爽酸度，因此除了釀成不甜白酒外，也是Vin Santo中的要角。

義大利 20 大區主要品種分布圖

義大利 20 大區主要品種介紹

Valle d'Aosta奧斯塔谷

Prié Blanc白皮耶、Cornalin可那琳、Fumin福明、Mayolet馬尤利、Nebbiolo內比歐露（Picotener皮可泰納）、Petit Rouge小紅、Vuillermin維樂敏

義大利最小的大區，有不少產酒區位於海拔千米甚至以上的陡峭山坡，酒產也因為量少，所以很少在國外看到。Nebbiolo在這裡被稱為Picotener，能產出風格比Barolo更淡雅細緻的紅酒。名為Prié Blanc的白酒品種，風味清新、酸度優雅，是細緻淡雅白酒的代表選手，也能彈性地成為氣泡、不甜和甜白酒。紅酒品種部分，能有結實酸度和單寧伴隨紅色漿果和草本風味的Fumin、常見中等酒體和紅色漿果風味的Petit Rouge，都屬於相對常見紅品種。至於相對罕見的，則包括略有單寧的Cornalin、能有從淡雅到中等酒體的Mayolet、以及清爽多汁的Vuillermin，這些山區紅酒品種，往往有輕盈酒體、潤澤質地和迷人可愛的香氣口感，如果有緣相遇，切莫錯過。

Piemonte皮耶蒙特

Arneis阿內斯、Cortese柯爾泰斯、Erbaluce艾巴露切、Moscato、Nascetta納斯切塔、Timorasso提摩拉梭、Barbera巴貝拉、Brachetto布拉凱托、Croatina克羅埃蒂納、Dolcetto多切托、Freisa費莎、Grignolino格紐里諾、Nebbiolo內比歐露、Pelaverga佩拉韋加、Ruché魯凱、Vespolina威斯波林納、Uva Rara烏瓦哈

提到義大利葡萄酒，就少不了Piemonte，除了有最著名的紅酒王者Nebbiolo外，封閉多山的環境讓本區還有多樣化的其他品種選擇。例如在白酒品種部分，有最受歡迎的香甜Moscato；少酸且香氣潤澤，能有桃、梨和杏仁風味的Arneis；往往清爽多酸、香氣淡雅的Cortese；有淡雅花果芬芳伴隨鮮明酸度，能從氣泡、不甜，一直做到風乾甜酒的Erbaluce；香氣豐富、還常能表現草本植物風味和鹹味的Nascetta；以及近年很受矚目，以結實風味、飽滿酸度，伴隨豐富礦物感的Timorasso。在紅酒品種方面也是，除了最著名的王者Nebbiolo外，多酸少單寧的Barbera和往往柔和少酸的Dolcetto，也是本區最常見的日常酒國民品種。能帶有可愛草莓風味，還有清爽酸度和結實單寧的Freisa；以芬芳多香聞名，

能在花果外還有豐富香料氣息的Ruché；色淡質輕，往往芬芳多味的Grignolino等，都是值得去探索發現的未知世界。

Liguria利古里亞

Vermentino維門提諾（Favorita法芙麗塔、Pigato皮加托、Rolle侯爾）、Rossese羅賽斯

擁有漫長海岸線的本區，因為俯瞰海洋的陡峭岩壁景緻，吸引許多遊客。而本區的葡萄種植，也涵蓋不少位於陡峭山坡的梯田葡萄園。Rossese就是生長範圍相當侷限的本區紅酒品種，帶有草莓、蔓越莓等紅色漿果香，也能在水果風味外還有鮮明礦物感和清透鹹味，常被製成酸度鮮明的清爽型紅酒。此外，在Piemonte的Dolcetto和白酒品種Vermentino在本區也算常見。只是，兩者到了這裡都經歷了改名換姓：Dolcetto被稱為Ormeasco，Vermentino則不只名字成了Pigato，還更常帶有海潮或礦物風味。

Lombardia倫巴底

Barbera巴貝拉、Nebbiolo內比歐露（Chiavennasca卡維納斯喀）

緊鄰著Piemonte的本區，因為經濟實力強勁，加上是首都米蘭所在的區域，因此除了是義大利媲美香檳的氣泡酒Franciacorta的產地外，Barbera和Nebbiolo等紅酒品種在此也相當活躍。

Veneto威內多

Garganega葛爾戈內戈、Glera葛萊拉、Corvina柯維納、Rondinella隆迪內拉

在這個義大利葡萄酒產量最大的區域，最有名的紅酒就是以Corvina、Rondinella、Molinara等數品種混釀成的兩種不同型態紅酒：更清爽淡雅、適合年輕早喝的Valpolicella，以及將這些葡萄經風乾製成的濃郁厚實型態Amarone。這些品種儘管沒有太突出的個別特色，卻能混釀出常帶有紫羅蘭和櫻桃香，偶現甘草或巧克力風味，還伴隨柔和單寧的紅

酒,因此廣受歡迎。在白酒品種部分,除了用來釀造名酒Soave的古老品種——Garganega,能以白花到杏桃、麥桿到礦物等不同風味打造出頂尖甜白或不甜白酒外,義大利馳名全球的氣泡酒Prosecco所用的品種Glera,則是曾經也叫Prosecco,但卻在改名之後星路更順遂開闊的成功範例。

Trentino-Alto Adige特倫蒂諾－上阿迪傑

Nosiola諾佐拉、Lagrein拉格蘭、Marzemino馬贊米諾、Schiava史奇亞娃、Teroldego特洛迪格

由北部主要講德語的Alto Adige,和南部主要說義大利文的Trentino兩個區域組成的本區,在釀酒葡萄上,也有鮮明的南北差異。北部緊鄰阿爾卑斯山的Alto Adige,除了是義大利著名的白酒產區外,也有原生紅酒品種。其中,被視為本區Cabernet Sauvignon的Lagrein,是酒色較深、單寧更足,能產出濃郁豐厚型態紅酒的代表。風味更清淡纖細的Schiava;Schiava Gentile(正確地說是Schiava Gentile,屬於數目眾多的Schiava;Schiava Gentile葡萄團體裡的一員),則是能有鮮明酸度和清爽的紫羅蘭、草莓等香氣,常被製成輕盈的粉紅酒,或淡雅至中等酒體的紅酒。至於南部的Trentino,在紅酒品種方面除了Schiava;Schiava Gentile外,還有果實濃郁、單寧柔和的Teroldego,以及風味纖細、酸度清爽的Marzemino。就連鮮度鮮明、常帶有榛果類細緻香氣的白酒品種Nosiola,都能在此被製成不甜白酒或風乾甜酒。另外,Trentino也是義大利著名的氣泡酒產地。

Friuli-Venezia Giulia佛里烏利－威尼斯朱利亞

Picolit皮可麗特、Ribolla Gialla麗寶拉吉亞拉、Verduzzo維杜莎、Refosco del Peduncolo Rosso雷弗斯可、Schioppettino史奇歐佩提諾

儘管也生產精彩的紅酒,不過本區仍然是義大利以白酒聞名的重要產區,同時也是近年相當流行的橘酒聖地。在原生白品種當中,既能清爽淡雅、因為多酸芬芳而被釀成氣泡酒,也能以較長泡皮和培養做成

濃郁結實橘酒的Ribolla Gialla，是常表現出柑橘、白花和礦物感的最潮品種。至於能產出頂尖甜白酒的歷史品種Picolit，則是更常見帶有細緻香氣和濃密口感的風乾甜白酒。在紅酒品種方面，能有中等單寧搭配紫羅蘭、薰衣草、櫻桃等花果香，也可能在不夠成熟時，出現類似Cabernet Sauvignon生青氣息的Refosco del Peduncolo Rosso，或許能接近鄉野版的Cabernet。至於被某些人稱為佛里烏利Pinot Noir的Schioppettino，則是以酸度鮮明的清淡或中等酒體，伴隨櫻桃、草莓，和胡椒等香料氣息，提供清新和優雅的可能。

Emilia-Romagna艾米利亞－羅曼尼亞

Albana阿爾巴納、Barbera巴貝拉、Lambrusco藍布斯柯、Sangiovese山嬌維榭

由西邊的Emilia和東邊的Romagna所組成的這個「只差一點就能橫跨半島」的遼闊區域，不但是義大利以火腿和起士等食材聞名的美食勝地，也生產數量龐大的多元葡萄酒。例如在西側的Emilia，以Lambrusco葡萄家族的不同成員釀成的同名氣泡酒，就是搭配當地著名火腿的最佳良伴。此外，本區常見以Barbera和Bonarda混釀的清淡爽口紅酒，也是當地千層麵的最好伴侶。至於在東邊的Romagna，除了更常見Sangiovese釀成的紅酒外，還有以Albana釀成的，能散發桃子、杏桃等甜潤風味的微甜或甜白酒。

Toscana托斯卡納

Vernaccia維那恰、Canaiolo卡內又羅、Sangiovese山嬌維榭

和Piemonte並列為義大利最頂尖產區的本區，除了有全球知名的Sangiovese，單獨或混調出風格多樣的紅酒之外，還以國際品種釀成的「超級Toscana」聞名。區內主要的白酒品種Vernaccia，事實上是一個由眾多成員組成的葡萄集團，而主要種植在本區Sam Gimignano小鎮附近的Vernaccia di Sam Gimignano，就是重要成員之一。能釀成帶有檸檬、杏仁和鼠尾草風味的白酒，少數經木桶或較長期酒渣培養的，

則可能呈現更複雜的香氣口感。在紅酒部分，除了在義大利幾乎無處不在、但尤其在本區稱霸的Sangiovese以外，曾經是Chianti重要調配成員之一的Canaiolo，如今則是在極端氣候下也逐漸重回舞臺。多香少單寧的特色，讓Canaiolo不只被單獨製成粉紅酒，也常在調配中，起到緩和Sangiovese單寧和增添香氣、讓酒更早適飲的作用。

Umbria翁布里亞

Grechetto葛雷凱托、Sagrentino薩格提諾

作為義大利少數不臨海的內陸區，Umbria不只有原生品種，還有源自中世紀的知名歷史酒款如Orvieto。用來釀Orvieto的，是共用Grechetto這一種名字、實際上卻是兩種往往調配在一起的不同品種，包括Grechetto di Orvieto和又名Pignoletto的Grechetto di Todi。除了可以是帶著清爽花果香的淡味爽口不甜白酒，還能製成濃郁香甜又好酸的貴腐甜白酒。至於紅酒重要品種的Sagrentino，也曾在歷史上以甜紅酒聞名，不過如今更常見濃郁厚實、強勁飽滿型態的不甜紅酒。能有深濃酒色、結實單寧，搭配從黑李、黑莓到菸葉、巧克力、香料等複雜風味，還有絕佳陳年潛力。除單獨成立外，也常用來調配Sangiovese。

Marche馬爾凱

Verdicchio維蒂奇歐、Montepulciano蒙特普奇亞諾、Sangiovese山嬌維榭

儘管歷史上本區的紅酒也曾相當出名，但是如今區內最被看重的，無疑是能有絕佳酸度和驚人陳年潛力的白酒品種Verdicchio。這個酸度絕佳的品種，除了也被釀成甜酒和氣泡酒外，最常見的主要是帶有檸檬、杏仁、白花和黃色水果香氣的白酒。此外，這種適合以木桶培養的品種，也常在陳年後發展出更多複雜的香氣口感和礦物風味。

Lazio拉齊奧

Cesanese奇薩內斯

儘管作為葡萄酒產區，今天Lazio的名氣可能比不上北邊的Toscana和南邊的Campania，但是區內仍有紅酒用的原生品種。Cesanese就是能釀出帶有紅色漿果和香料風味的少單寧易飲紅酒，甚至風乾甜紅酒的品種。另外本區還有以Malvasia di Lazio和Trebbiano釀成的白酒。

Abruzzo阿布魯佐

Cococciola可可巧拉、Pecorino佩可利諾、Trebbiano Abruzzese阿布魯佐特比亞諾、Montepulciano蒙特普奇亞諾

臨海又多山的Abruzzo，過去常被揶揄是個「羊比人還多」的地區。區內最重要紅酒品種——Montepulciano，在本區和鄰近的Marche大區都有重要地位。然而這種葡萄名稱，到了Toscana，卻成了用Sangiovese葡萄釀成的酒的名稱Vino Nobile di Montepulciano，因此常造成混淆。可以釀成從氣泡、粉紅、風乾甜酒到最常見的不甜紅酒，並且在常見的櫻桃或黑李香外，有輕巧可愛或豐濃飽滿口感。白酒品種方面，在極少數頂尖生產者的手上，能有頂級表現的Trebbiano Abruzzo，因為還有許多可能「名不符實」的酒款充斥，因此少見真正融合酸度和礦物感的純淨表現。反而是本來差點滅絕、但卻在上世紀八〇年代起死回生的Pecorino，近年以融合蘋果、梨子、檸檬糖和鼠尾草、迷迭香、薄荷、百里香等風味的多酸清爽口感，廣受歡迎。另外，能有細緻的薄荷、檸檬香氣和鮮爽風味的Cococciola，除了單一品種外也被用作調配或製成氣泡酒。

Molise莫利塞

Tintilia亭亭利亞

這個在全義大利僅次於Valle d'Aosta的第二小大區，近年卻以Tintilia這個名字可愛的紅酒品種，吸引不少矚目。身為今天Molise產區的紅酒主

角，過去主要用作調配的Tintilia，如今則更常唱獨角戲。依照葡萄園的位置是近山或近海，搭配不同的海拔高度，既可以被打造成帶有莓果風味的新鮮爽口粉紅酒，也可能是有著濃郁藍黑色漿果芬芳，酸爽中還有豐潤柔和單寧和香料感的複雜可口表現。

Campania坎帕尼亞

Falanghina法蓮吉娜、Fiano菲亞諾、Greco葛雷科、Aglianico阿里亞尼蔻、Piedirosso紅腳

經濟上的落後和疏於開發，加上能免受根瘤蚜蟲病害影響的火山土壤，讓本區成為義大利保留最多古老原生品種的寶庫。除了用來生產最著名紅酒的Aglianico外，過去主要用來混調Aglianico並讓酒能更早喝、更柔順的Piedirosso，近年來也在生產者努力下，發展出許多有趣的易飲類型。至於白酒的三個品種也各有風情，像是多香清爽的Falanghina，儼然是南義Sauvignon Blanc，豐富的酸度甚至被部分生產者製成氣泡酒。至於風格多變、酒體可濃厚可清瘦的Fiano是南義版Chardonnay，最受我個人青睞的Greco，則是能在最佳產區有豐潤結構、飽滿酸度，搭配扎實的礦物感，是我心目中義大利偉大白酒的候選品種。

Puglia普利亞

Verdeca維德卡、Negro Amaro黑曼羅、Primitivo普米提沃、Susumaniello蘇蘇瑪尼耶羅、Uva di Troia托雅

作為義大利著名的農業大區，Puglia除了有悠久的農業傳統，也有豐富的原生品種，尤其主要的紅酒品種，幾乎都有平易近人的討喜風味；某些被製成清爽類型粉紅酒的，甚至可能喝起來就像果汁。其中知名度最高的的Primitivo，不只可以在八月就採收，還有濃郁甜美、少酸少澀的老少咸宜口感，儘管部分更強調結構和均衡的頂級酒，也能在豐濃水果和結實骨架間維持平衡。此外，稱為Negro Amaro的品種，則常帶有柔和討喜的黑色水果風味，也常被製成紅酒或清爽粉紅酒。至於需要較長

時間才能完全成熟的Uva di Troia，則能在紅色漿果外帶有較多黑胡椒、菸葉，甚至灌木叢氣息，除了能在調配中增加清新和細緻度，也有愈來愈多單獨裝瓶。名字最長的Susumaniello，則常被製成充滿莓果風味的小巧粉紅甚至氣泡酒，是炎夏最佳良伴。至於原生白品種的Verdeca，能在清爽的青蘋果風味外，還有草本植物和些許香料氣息。

Basilicata巴西里卡達

Greco葛雷科、Malvasia Bianca di Basilicata巴西里卡達白馬瓦西亞、Aglianico阿里亞尼蔻

和西西里島的活火山不同，在區內擁有死火山Vulture的Basilicata，因為多山和交通不便使得環境相對封閉，長久以來一直被視為是義大利「被遺忘的地區」。因此儘管也有種植其他紅白品種，但最重要的仍是Aglianico，以及必須以100% Aglianico釀成的勁道優雅紅酒Aglianico del Vulture Superiore DOCG。

Calabria卡拉布里亞

Mantonico曼托尼可、Gaglioppo加里歐波、Magliocco瑪里歐科

和西西里島隔海相望的Calabria，不只是歷史悠久的葡萄酒產區，也有歷史悠久的葡萄品種，例如當地釀紅酒用的Gaglioppo。Gaglioppo能有清淡酒色和豐富單寧，儘管在葡萄園和酒窖都很難伺候，但卻能在優雅莓果風味外還帶著草本植物氣息和礦物感，兼有爽口酸度陪襯單寧。曾在日本著名的葡萄酒漫畫「神之雫」中，被選為與又酸又辣的韓國泡菜絕配的葡萄酒，就是由Gaglioppo和Cabernet Sauvignon組成的調配。另一方面，可能和Gaglioppo混調或單獨出現的Maglioco，則帶有更多黑櫻桃或菸葉、草本植物氣息。此外，本地還有酸度和單寧都很豐富、製成甜或不甜都很迷人的品種Mantonico。

Sicilia西西里

Carricante卡里坎特、Catarratto卡塔拉托、Grillo葛易優、Zibibbo/Muscat of Alexandria亞歷山大蜜思嘉、Frappato法帕托、Nero d'Avola黑達沃拉、Nerello Mascalese內雷羅馬斯卡雷斯、Nerello Capuccio內雷羅卡普裘、Perricone沛利康

Etna火山不只為西西里島帶來了特殊風土，也孕育了多酸、富礦物感又有陳年潛力的白酒品種Carricante。另一個同樣有豐富酸度、還能有多面向口感表現的，是我很喜歡、近年也愈發受重視的Grillo。至於紅酒品種，在當地也稱Calabrese的Nero d'Avola，是西西里島紅酒品種中以濃郁豐美聞名的代表，至於名字很長的Nerello姊妹Nerello Mascalese和Nerello Capuccio，則是在埃特納以堪比Pinot Noir的優雅細膩聞名。此外，清新多汁的Frappato和略有結構、過去多用作調配的Perricone，也能帶來可口有趣的體驗。

Sardegna薩丁尼亞

Nuragus努拉古斯、Vermentino維門提諾（Favorita法芙麗塔、Pigato皮加托、Rolle侯爾）、Cannonao卡諾娜（Grenache格那希）、Carignano卡利亞諾（Carignan卡麗儂）、Monica草妮卡

儘管島嶼的特殊歷史文化背景，讓如今島上最主要的釀酒品種很多並非義大利土生土長，不過這並不影響這些品種在Sardegna風土有獨特發揮。不管是風格和名字一樣多元，能充滿海味也能兼顧礦石感，在Piemonte被稱為Favorita、在Liguria被稱為Pigato的Vermentino；又或者能潤澤多汁、充滿紅色漿果芬芳的Cannonao（也就是南法的Grenache）；還是能有鮮明酸度、在西班牙被稱為Carignan的Carignano。總之，近期有研究指出，島上種植的葡萄品種至少超過兩百種，看來除了型態和風味都有多元表現的Nuragus白葡萄、名字可愛的Monica紅葡萄以外，Sardegna還有許多驚奇有待發現。

PART 2
品種漫遊

01 / 燃燒吧，紅腳！
南義三白老中青
Piedirosso紅腳、Greco葛雷科、Fiano
菲亞諾、Falanghina法蓮吉娜

那時，還沒人料到接下來會發生的事。

石頭路上，車馬行人雜沓，街市的各式店鋪裡熱鬧一如以往，空氣中偶爾飄來麵包香。城裡約兩百家酒吧，在午前已四散酒香。有不少人肯定正打算開始歡快的餐前酒（或無時無刻的葡萄酒）時光，能一杯杯點來喝的葡萄酒，價格就標在店外的牆上。

「付一文錢能喝酒，付兩文錢能喝最好的酒，付四文錢能喝Falernian（法蓮妮）」，牆上是這樣寫的。只不過，四文錢恐怕喝不到真正的Falernian，因為那是專給皇室的貢酒，也是愈老價愈高、據稱可久陳達百年、只有超級富豪才能在奢華宴會上開來讓賓客讚嘆的超高級酒。

幸好，當時願意大手筆喝Falernian的人，可能並不在乎喝到的酒是否正宗。這群愛面子的酒客，不只喜歡在眾人面前花大錢喝名酒，還喜歡用很大的酒杯喝酒，以為酒量暗示力量，於是他們往往一口氣就乾杯，還愛在一飲而盡後接著爭搶下一杯。這些人是如此熱愛葡萄酒（又或者熱愛飲酒），以至於酒吧和飯館生意好到能一天二十四小時營業。釀酒和賣酒的都賺得荷包滿滿，城外的豪華別墅、存滿葡萄酒的地窖、甚至附近一望無際的葡萄園，都是他們的標準配備。

時間是西元79年8月24號，當時Penisola appenninica，即今日義大利半島上最熱鬧繁華、充滿生命力的葡萄酒之都——龐貝城，會在二十四小時後消失在近五公尺高的火山灰和熔岩殘渣裡，直到千餘年後重見天日。

當我這新手機車騎士緊握著龍頭，生平第一次載著旅伴（我們是兩個加起來超過100歲的歐巴桑），背負幾斤行李、騎著租來的125c.c.比雅久機車一路迷走在龐貝以東的Irpinia山區時，我還沒意識到自己行經的這個，在幾千年前可能已滿是葡萄園的土地上，種的或許就是當年在龐貝城裡那些大聲喧鬧、大口喝酒的同類們也曾品嚐、甚至大大讚賞過的葡萄品種……

Campania
Piedirosso & Greco & Fiano & Falanghina
重點產區

Falanghina del Sannio DOC

Benevento

Greco di Tufo DOCG

Caserta

Irpinia DOC

Fiano di Avellino DOCG

Napoli

Avellino

Salerno

Paestum

Agropoli

Sapri

葡萄木乃伊寶庫
上窮碧落追紅腳

　　說也奇怪，長眠於火山灰裡的龐貝古城所在地——Campania，正是義大利現存、擁有最多身世成謎古老葡萄品種（專家推估至少有超過百種）的區域。或許因為境內有Vesuvio以及Campi Flegrei兩大火山屢屢噴發又層層堆積的火山土壤，不只讓葡萄樹殺手——例如19世紀入侵的根瘤蚜蟲（Phylloxeraa）難以撒野、人瑞級的葡萄古樹和葡萄園在此地相對多見，連許

多老到沒人知道出處、早就身分不明的葡萄，都像是經過完美防腐處理的木乃伊般，和火山灰裡的龐貝城一起，相當程度地被留存至今。

　　除了火山造就的自然環境之外，當地的社會、經濟狀況也對這葡萄品種的木乃伊寶庫有所貢獻。在思想相對封閉、經濟也顯得弱勢的南義Campania，過去往往連當地的地主或農夫，都不像北邊的同業那樣，會處心積慮地拔除舊葡萄或新種葡萄園。**火山加上弱勢經濟，一方面毀了曾有**

的繁華，另一方面卻也留存下舊時的精彩盛大。

就像那天早晨，我和旅伴從Campania內陸，地處僻遠、連火車站都處於半荒廢狀態的葡萄酒重鎮Avellino出發時，任誰都沒想到，一趟按網路資訊只需約一小時的路程，最終竟讓兩週前才拿到機車駕照的我繞遍幾個山頭，一路從山路迷走到交流道、省縣道，過了四小時才終於抵達目的地：名列義大利最美村鎮的古老山城——Sant'Agata de' Goti。

儘管在山區繞行時，我完全無暇享受吹來的輕風、滿眼的綠意，以及沿著山頭遍布的起伏葡萄園風景，但這片讓我兜兜轉轉幾小時的Irpinia山區，不只是Avellino的古名，也是區內最重要白酒Greco di Tufo、Fiano di Avellino的精華產地。

然而這趟瘋狂迷走，主要卻是為了追尋號稱義大利最古老紅酒葡萄品種之一的Piedirosso。這個在義大利文裡，因為成熟時蔓藤會轉為紅色才得名的葡萄，竟然讓我在旅途中也巧合地一路「紅腳」。行前考照摔傷的膝蓋才剛長出新皮，就在蜿蜒山路的某個上坡，因為折返的重心不穩再度跌破。就這樣，我隔著牛仔褲滲血的傷口一路紅著腳，到葡萄園裡和真正的Piedirosso重逢。

高顏值古代美葡 甜美少酸如糖果

記得幾年前在龐貝古城裡的葡萄園初見Piedirosso時，還不知道這葡萄竟有如此高的顏值。當時還是春天，光禿禿不見果實的樹幹，根本看不出名聞遐邇的Piedirosso有多窈窕。這次，在酒廠Mustilli已屆收成的葡萄園裡，終於見到成熟Piedirosso傳說中的「美腿」——因為成熟而轉呈紅色的葡萄梗，被豐滿的果串拉得又筆直又健美，既像鴿子的細瘦Piedirosso，也有芭蕾舞伶的勻稱纖長，支撐著飽滿果串在午後陽光下閃閃發亮，確實漂亮極了。

然而Piedirosso真正引人遐想的，並非那雙粉色美腿。龐貝城的考古團隊用最先進的葡萄DNA鑑定研究後發現，幾千年前讓城裡那些好酒之徒拜倒在石榴裙底下的葡萄品種，最有可能就是如今的Piedirosso（以及另一種Sciascinoso葡萄）。

於是，古城不只委託當地以保存古代品種聞名的酒廠Mastroberardino，在城內葡萄園舊址中按古書記載的種植和剪枝方式，原地實驗復育，還以Piedirosso混合Sciascinoso（雖然品種調配比例近年持續變更，但初始是以Piedirosso占九成來調配），推出極限量的「復刻版」龐貝仿

古葡萄酒Villa dei Misteri，不過在人聲雜沓的現代品酒會上，嚐來並無半點「古」意就是了。當然，沒人知道古代葡萄酒的確切滋味，但是單憑現今遠勝古代的釀酒技術，就足以讓復刻的「古早味」儼然幻術。至少當時那些讓龐貝人喝得臉紅脖子粗、往往得加水才能飲用的古代葡萄酒，肯定和今天張口就能暢飲、主張柔順口感和水果風味的「復刻版」大不相同。然而，即便只是更接近古代飲品的一絲絲幻想，都讓Piedirosso釀成的酒，比其他品種更添浪漫想像。

事實上，根據我的經驗，Villa dei Misteri這款調配中以Piedirosso為主的仿古葡萄酒，和單獨只用Piedirosso葡萄釀成的酒，風味並無驚人差異。這些往往帶著草莓、櫻桃等紅色糖果甜香的酒，香氣裡還常夾著香料和草本植物，喝起來多半清淡易飲，在鮮爽酸味外只有很難察覺的微微單寧。儘管通常得趁鮮飲用，但即便經過更長的瓶中陳年，成熟Piedirosso似乎也只讓年輕時鮮明的酸度變得平順可口，且可能發展出更接近煙燻烏梅或黑李汁的樣貌。

然而，身為葡萄酒歷史古國義人利的最古老品種之一，我倒覺得在Piedirosso的酒裡，往往還能感到一絲或許源自久遠歷史的獨特「野味」：就是那傳說中屬於生食用的美洲種葡萄（相對於如今廣泛用來釀酒的Vitis Vinifera〔歐洲種葡萄〕）獨有的，似肉非肉、似土非土的特殊生青氣味（英文品飲常以Foxy——狐味形容）。不過在Mustilli的葡萄園裡，已近收成時分的新鮮Piedirosso，吃在嘴裡卻是十足香甜可口，不但沒有「野」的影子，甚至渾然不覺酸度。

最接近古代的現代
占葡領新風

擁有同名酒廠的Mustilli家族，是早在16世紀就從Campania沿海一帶，大費周章遷徙到內陸被群山包圍的火山岩城——Sant'Agata de' Goti定居的當地望族。至今仍由家族經營的酒廠裡，由曾任基因科學家的次女安娜（Anna）負責栽種和釀造。她在葡萄園裡，倚在約和她一般高的Piedirosso葡萄樹旁，使勁拉著樹幹往外延伸的長長枝幹告訴我：「Piedirosso的活力很強，會先把枝幹長得長長的，才在

末端結出果實。倘若不明就裡把葡萄枝幹修短，反而會面臨無果可收的窘境。」當時我不禁聯想，在只能徒步和騎馬的年代，大老遠從沿海遷徙到幾十公里內陸的Mustilli先祖們，該不會就是從Piedirosso身上，才看出要把枝幹往未知的遠方延伸，好讓後代子孫們結實累累吧！

科學背景出身，對未知事物往往抱持高度懷疑的安娜（上圖），卻出人意表地喜愛Piedirosso的易飲風味。對她而言，生長力強、產量小的Piedirosso，固然有久遠的歷史、在同一品種內多有變異的科學研究價值，但是她認為**甜美少酸、單寧柔和、極度討喜的柔美風味，才是Piedirosso的真正優勢**。儘管不夠複雜深厚、也少見濃郁耐久，讓Piedirosso過去往往只能在調配中跑龍套，用來襯托知名度、陳年潛力都更高的品種Aglianico，然而在進入新世紀之際，**Piedirosso更直接、能即時享受的清新鮮爽風格**，在她看來，或許才是更符合當下時代需求的古調新唱。

實際上，Mustilli酒廠在幾經研究、

嘗試各種釀造風格和不同木桶培養後，近年才終於確立的淡雅活潑風格Piedirosso，一推出就大受好評。上市首個年份就獲得義大利權威葡萄酒評「大紅蝦」（Gambero Rosso）認可，成為少數以Piedirosso奪得大紅蝦最高榮譽「三杯評價」（tre bicchieri）的酒款。而當初認為Piedirosso本質清淡，因此捨棄了可能給酒增色添香的橡木桶，反而選擇以**雙耳陶罐**來儲存的決定，儘管看似出於理性和邏輯的偶然，但在我看來，卻更像是冥冥之中「舊瓶裝新酒」的必然。根據Mustilli的實驗，他們發現Piedirosso在陶罐經一年培養後，些微的單寧不只將酒中的莓果和紅李香氣襯托得更歡快有活力，就連更趨柔和的酸爽，都能讓酒脫胎換骨，截然不同於未經培養下的平直簡單、野放不羈，甚至讓整體性格都更完整立體。

所以倘若我們也穿越時空，回到幾千年前龐貝那些門庭若市的酒吧，那些曾經都待在雙耳長頸陶罐裡培養、每天被酒徒們在短時間內就喝乾、一群人只消兩三小時就能喝掉二十六公斤的酒，或許真和今天浴火重生後，清淡爽口、酒精度低，且同樣讓人感覺愉悅的Piedirosso，相去無幾。

天下第一酒？
Falernian vs. Falanghina

　　然而，在這些世代相傳的葡萄酒謎團裡，最讓人苦思不得其解的，應該是關於近兩千年前的天下第一名酒——Falernian。這個傳說中凱薩大帝從西班牙凱旋歸來時的晚宴用酒，到底是不是以今天的Falanghina白葡萄釀成，恐怕就算是「Falanghina之父」李奧納多·穆斯提利（Leonardo Mustilli）還在世，都無法回答這個疑問。

　　說到李奧納多，他不只是「Falanghina之父」，還是Mustilli酒廠中負責種植與釀造工作的安娜的爸爸。上世紀七〇年代，Campania正面臨國際品種入侵的壓力，工程師出身的李奧納多，以理科人實事求是的精神，開始研究當地的原生葡萄品種。在有關單位支持下，他和同伴從各地葡萄園找來共十八種或鮮為人知、或早被遺忘的葡萄品種，開啟一連串種植和釀造的實驗。

　　於是，這些因容易染病、種植不易、產量太小等種種理由，而早被農夫們拋棄、遺忘在田野的當地原生葡萄品種，被一個個重新檢視並罕見地單獨釀造。最終從釀造實驗中，以優雅香氣和輕盈

口感脫穎而出的，就是差點香消玉殞的Falanghina。李奧納多隨即在1979年把Falanghina單獨裝瓶，當時的三千瓶單一品種酒，不只讓他成為第一個將Falanghina單獨裝瓶的生產者，更因為他的推廣，引來當地侍酒師的注意，這才使Falanghina免於走向鬼門關。當他為自己贏來「Falanghina之父」稱號的同時，Falanghina也從當年的僅三千瓶產量，一步步發展到如今年產約九百萬瓶、在國際上也享有高知名度。

今天的Falanghina，**酒色明亮艷黃，常常散發出白花、青蘋、桃、梨、柑橘等香氣，酸度柔和、質地細雅，還伴隨草本植物且偶有礦物感**，和幾千年前凱薩大帝喝過的，酒色深赭、或經十幾二十年陶罐培養、酒精濃度高到點火時能發光的酒截然不同。當然，幾千年不算短，更何況古代的名酒Falernian，據載可是濃縮至極、直接含在嘴裡都很痛苦，堪稱是得加料調配後才能暢飲的玩意兒。

一分為二　二合為一

儘管如此，當年安娜父親「接生」現代Falanghina的舞臺，仍是探究品種身世的絕佳場景。安娜的大姊寶拉（Paula）在廠裡負責種葡萄、釀酒外的所有事務，她在建於16世紀的品酒室裡突然彎下腰，

「嘎」的一聲拔地拉起一扇木門，眼前出現一道厚重的石梯，彷彿是能帶領眾人通往Falanghina暗黑歷史的時光隧道。隨著寶拉手中的昏黃燈光，我們步入這建於14世紀、最深處達十五公尺的古代酒窖。

寶拉（右圖）解釋，在當地建於火山岩上的古城區裡，家家戶戶的地底幾乎都還保存著建於中世紀的石造地窖。這些總數達百餘、部分區塊甚至能彼此相通的地窖，自古就是地處險要的小鎮居民們用來儲存糧食、躲災避禍的多用途中心。地窖不只是二戰時期的防空洞、也曾是用來躲避葡萄酒稅的「走私通道」，當然也有像Mustilli家這樣，自19世紀起就把這「大自然提供的穩定冰箱」專門拿來釀酒儲酒的人。她接著解釋，Falanghina在鄰近的Caserta地區還有個別名叫「Uva Falerna」，或許因為名稱實在相近，才被盛傳可能就是古羅馬用來釀造名酒Falernian的葡萄品種。

然而，即便李奧納多在上世紀重新發現Falanghina至今已四十年，義大利愛酒人也對這香氣清雅、口感輕柔的品種，從一無所知到幾乎琅琅上口，但關於Falanghina的真相，卻仍然少得可憐。直到2005年，過去一直被認為只是外貌長得稍微不同的兩派「同種」Falanghina，在DNA鑑定後才被發現竟是「兩種」基因迥異的不同品種（但兩者目前仍都「非常義大利地」稱為Falanghina）。

雖說DNA鑑定的結果，讓Falanghina近期才被按主要種植區不同，被分成範圍較廣、主要集中在沿海的Falanghina Flegrea，以及分布範圍較小、多集中在內陸山區的Falanghina Beneventana，但這乍看之下鐵一般的事實，卻似乎仍帶著空中樓閣的影子……儘管科學家發現，這兩種葡萄確實屬不同基因，香氣和口感也多少有差異，但是在絕大多數酒廠或現存的葡萄園裡，實際的狀況仍多是兩者共存、一起混釀（因為長久以來都被認為是同一種葡萄）。

所以，除非未來有關當局做出不同法律規範，否則現階段對愛好者而言，Falanghina的兩種差異仍然只有好喝和不好喝。例如安娜就告訴我，她們過去也是兩種併用，但現在基於對葡萄和風土的更佳理解，未來會考慮逐漸改用更適合當地風土、能在內陸的火山岩土壤上表現出更多酸度、花香和結構的Falanghina Beneventana。

白酒品種老中青
Greco & Fiano

如此一來，現代Falanghina不論是種於沿海或內陸，似乎都和古羅馬的Falernian名酒無甚關聯。難道，謎底會是Campania更廣為人知的白酒品種雙雄——Greco或Fiano？

還記得幾年前初訪Campania時，我原本預期知名度高的紅酒品種Aglianico應該

表現得最精采，不料當時最驚艷的反倒是當地鮮為人知的高水準白酒。儘管在當地人口中，除了雅俗共賞、輕盈爽口的Falanghina往往人見人愛之外，他們還常把能輕巧纖細的Fiano比作女人喝的白酒；而相對能更強健堅實的Greco則劃為屬於男人喝的白酒。

但是在我看來，Campania三大白酒品種的風味質地，或許更像人生中的不同階段。質地和風味偏輕盈、淡雅，還能多香的Falanghina，就像天真浪漫、仍然懵懂的花漾少女；往往有中等質地搭配豐富水果風味，但能像變色龍般隨釀造和培養方式不同，展現或濃厚或清新、從濃甜到爽酸皆有的Fiano，更像是可塑性高、但或許也迷惘困惑的青壯年；至於質地能最豐厚、甚至因為口感結實而被稱為「白酒裡的紅酒」的Greco，則是我最偏愛、往往也有最突出礦物表現的沉厚熟年。

若用大家更熟悉的國際品種來比喻，Falanghina或許就像妝容更素淨清雅，香氣沒那麼逼人的Sauvignon Blanc；同樣適合木桶培養的Fiano，則是在不同生產者手上，能按釀造以及

是否經木桶培養、酒渣浸泡等工序，呈現截然不同風格的義大利版Chardonnay——既能是清爽銳利的Chablis，也能是濃厚高深的Montrachet。至於三者中性格較突出的Greco，雖然也曾被比作是濃香豐滿的Vionier，但我卻認為，Greco更像是去掉氣泡的頂尖調配香檳。能把白中白的清脆酸爽、來自土壤的豐富礦物，和Chardonnay葡萄的豐潤水果，以及Pinot Noir屬於紅葡萄的結實架構，全巧妙優雅地融在一起。

當然，這些讚美並非適用於所有Greco，而是最頂尖Greco才可能帶來的體驗。事實上，這些酒也可能並不常見，因為它們多出自Campania內陸山區，一個叫Tufo的小鎮周圍。在義大利文裡，Tufo指的正是火山碎屑構成的凝灰岩，小鎮正因土壤中幾乎都是這類岩石才得名，而實際上能生產這種酒的DOCG產區Greco di Tufo，範圍也因此相當受侷限。

儘管在地球表面，火山土壤是占比僅約1%的稀有物種，但是對葡萄種植來說，火山土壤卻是近年最被推崇的「流行」元素：讓風味鮮活、酸度優雅，更因鹹、鮮或礦物感而讓酒顯得立體。再碰上像Greco這樣既難種又難釀的品種，強強聯手，自然讓Greco能在Tufo生出難得的優質。

難養難伺候⋯⋯Greco
八面玲瓏 Fiano

話說Greco，其實早在上世紀的二、三〇年代，就是當地農夫心目中的頭號麻煩製造者。產量小、樹勢弱、皮薄易染病不說，還喜歡高海拔的大陸性氣候山區，偏偏又是拖拖拉拉、非得等到多雨的十月才能收成的晚熟品種。單是種植上的種種缺點，已經讓當時許多農夫甘願放棄Greco，如果再算上酒窖裡的麻煩，**身為少數富含酚類物質的白酒品種，Greco不僅比其他白酒有著更多酒體和單寧，還是個更容易氧化、酒色也容易轉棕的棘手款**。但在我看來，或許正是這種種麻煩、

挑剔、難處理，才讓Greco一旦成功，就特別有魅力：既有成熟桃李香伴隨鮮明酸度和結實質地，又有堅實礦物感綿延，風味獨具。相較之下，稱得上義大利最古老品種之一的**Fiano或許因為更世故老成，反而在各方面都更八面玲瓏、討人喜歡。**

就拿產區來說，能生產Fiano di Avellino DOCG的範圍，就是Greco di Tufo的好幾倍。除了同名的Avellino以外，還包括周邊共數十個城鎮。除了地盤更廣，Fiano也在歷史上早就以白紙黑字留下「名人推薦」——12世紀的神聖羅馬帝國皇帝腓特烈二世（Friedrich II）就曾指名要買Fiano酒；13世紀更有國王指定乾脆買

Fiano葡萄回自己莊園種。就連19世紀通往Avellino的鐵路建築，都和當時以Fiano為主的葡萄酒貿易有很大關係，足見能生食也能釀酒的Fiano有多受歡迎。

　　的確，若將Fiano經風乾後做成甜酒，可以有濃郁的白花和杏桃甜香，搭配均衡多酸的細雅質地；不經木桶培養、只是淡雅素靜的Fiano，也能在清新的白花和黃色果香外，帶有礦物感和鹹味，清爽可愛仍不失個性。事實上，儘管算不上香氣品種，但是Fiano或許是三種Campania知名白酒品種中，香氣最突出、最常表現出馥郁花香的那個。儘管不同的土壤類型能讓敏感的Fiano展現不同風味面向，但是花香、蘋果、油桃、柑橘、草本植物和蜂蜜等，都是酒中常見的香氣。倘若以法國橡木桶發酵或培養，還能生出像花生或榛果類的堅果香，並且在陳年後有更多燻烤風味。很多人認為，Fiano因為有絕佳酸度，因此算是義大利白酒品種中，少數有絕佳陳年潛力的品種，我卻暗暗為Greco抱不平。因為兩者不只都有絕佳酸度，兩個DOCG的產區法規，也都規定最多能加

入15％的其他品種一起釀造。因此，儘管品種酒的主流仍是單一品種，但是倘若調配品種稍有不同，再加上風土上的些微差異，都可能改變酒的最終風味，甚至影響陳年潛力。

不過，就算Greco和Fiano都有絕佳的陳年潛力，如今仍沒有任何證據能顯示，它們就是古羅馬號稱能陳年超過百年的天下第一酒──Falernian。答案或許還藏在Irpinia山區，或者在進了科學家實驗室的那百餘種仍有待發現的葡萄裡。就在那天晚餐，當寶拉看著我飲盡杯裡的Greco和Fiano後，上下樓仍一拐一拐的左腳，她問：「你這樣還能騎回去嗎？」我只是面有難色地苦笑。她接著說：「喔，忘了告訴你，你們租機車的那家店有來電話確認你們有沒有平安到達，因為就在你們離開後沒多久，Avellino城郊就因電池工廠爆炸引發火災，電視新聞上看起來很嚴重呢。」我萬萬沒想到，一場Piedirosso追尋之旅，竟然搞到讓Avellino深陷火海。

寶拉看著我的膝蓋：「這樣吧，明天看看情況怎麼樣，看是不是讓我先生幫你把車騎回去，你們倆還是坐我的車回去好了。」結果我花費了四個小時的迷走，翌日只換來翻山越嶺的一小時（連機車都是），而就在Irpinia迷人的山間，

寶拉不只娓娓道來她如何成為佛教徒，還告訴我，讓她父親成名的Falanghina和Aglianico，其實都是Campania最古老的品種。只不過待我真正感受到Aglianico的魔力，已是一跛一跛翻過好幾個山頭以後了。

02/ 姹紫嫣紅
Aglianico阿里亞尼蔻

身為品德高尚、深具教養的男士（或女士），倘若你能從三聲「NO，NO，NO」裡，聽出搭配著不同聲音、語調，乃至於肢體表情的同樣詞句，其實是**小心試探、欲拒還迎，甚至興然接受**這三種截然不同的意思，那你或許能更接近Aglianico，一個在我看來相當難解的葡萄品種。

Aglianico的難以捉摸，既像花花世界裡的必然，又似乎有點遊戲人間的挑釁。於是，Aglianico就像是對著所有葡萄酒愛好者，當面啐了口唾沫，甚至在轉身離去前，還丟下一紙認知偏誤的戰書。

這個義大利葡萄酒專家們口中「壯闊豐美、飽滿艷麗，能陳年到地老天荒、有高超風土詮釋力」的品種，不只品格高尚，連香氣和口感都可能酷似義大利最名貴偉大的Barolo，因此擁有「南義Barolo」的美譽。另一方面，我素來敬重的酒友對Aglianico的調侃也實在貼切，他稱那些甜美易飲、著重甜熟果味的新風格Aglianico為「南義Dolcetto」，那是以平實甜潤而討人喜歡的品種。

問題在於，以Nebbiolo葡萄釀造而成，地位高貴、價昂稀罕的Barolo，和往往只在小酒館出入、被當作日常飲用酒的Dolcetto，分明就是葡萄酒界的王子和庶民。所以Aglianico到底該是彩虹這一端的紫，還是另一端遙不可及的紅呢？

最後連葡萄酒專家都只能揚起白旗，用想得到的最委婉方式來表達：「其實你就是很難摸透Aglianico在哪裡會有什麼樣子。」即便只聚焦在三個最知名的產區，各產區仍然因為範圍遼闊、土壤多樣，兼有海拔和微氣候等環境差異，使得Aglianico的樣貌分歧，很難給出一致的風格定位。這還沒算上長期生長在不同區域的「同一種」Aglianico葡萄本身，在入境隨俗幾千年後，早已或多或少因應環境而改變了自己。

所以，Aglianico或許就像六千萬各行其是的義大利人。如果沒人能讓米蘭、比薩、拿坡里和西西里人用同樣的方式排隊，那麼說不清Aglianico到底是像Nebbiolo多一些，又或者像Dolcetto更多一點，或許恰恰是品種最「原汁原味」的義大利表現。

Campania & Basilicata
Aglianico
重點產區

Aglianico 像老婆
年紀愈大愈柔順

　　不過別氣餒，總還是有人能把這葡萄
牢牢掌握。比方在南義的Campania，一個
以絕美海岸和遺世島嶼聞名的區域，就有
Aglianico最著名的產區──Taurasi，深藏
在這遠離海岸、人煙罕至的山區。

　　在整個Taurasi，南邊海拔更高的山
脈Montemarano，又是公認頂尖中的頂
尖產區。從孩提時代就在山裡的葡萄園
長大，和Aglianico一混快七十年，把葡
萄從根到葉摸得比老婆還清楚的索柯叔
（Soccorso）是這麼說：「在我們Irpinia有
句俗話，意思是『老婆的年紀愈大，性情
也愈溫柔甜美』。Aglianico就是這樣，這

點我很確定。」說完周圍一片哄笑，身為
Il Cancelliere酒莊靈魂人物的索老爹（P65
圖），靦腆的神色裡可是大大得意。

　　我上到Montemarano的那天，秋高氣
爽、風和日麗。一般人印象裡總以為南義
是陽光燦爛的地中海型氣候，但是在像
Montemarano的內陸高海拔山區，天氣卻
是日夜溫差特別明顯的標準大陸型。索柯
叔的女婿克勞迪歐（Claudio）駕著車，
熟門熟路輕輕鬆鬆就開上了酒廠所在的海
拔四、五百米。在酒廠兼住家的水泥地院
子裡，女主人端出的冰水卻像棚架下的訪
客，在秋日依然炎熱的近午，沒一會兒就
止不住汗涔涔。生性晚熟的Aglianico恰好
喜歡這樣的環境，本地的收成時節，往往

要遲至10月底甚或11月。

　　事實上，距離Campania大區葡萄酒首府Avellino有半個小時以上車程的Montemarano，之所以能成為Taurasi區裡的頂尖地塊，除了平均近五百米「高人一等」的葡萄園海拔（相較於Taurasi葡萄園平均約三百五十米），還有火山噴發導致的更厚重複雜土層，帶來不同於Taurasi北部、主要以砂土為主的土壤結構。比方曾經創造歷史，被譽為「有史以來最偉大二十款義大利紅酒」之一、產自Mastroberardino酒廠的1968年Taurasi Riserva，主要用的正是來自Montemarano的Aglianico。

　　據說這款堪稱傳奇的1968年Taurasi Riserva，在酒齡三十出頭時嚐起來「香氣仍濃郁甜美、迷人清爽，還有輕盈花香；集中又均衡、有單寧，而且明亮有活力、優雅又持久，**完全喝不出年紀**。」及至酒齡近半百，嚐到的酒評家仍稱：「在濃郁的礦物感外還有鮮活的覆盆子、酸櫻桃、菸葉和薄荷，濃郁且多汁多香，紅色水果和巧克力精確又充滿活力。柔滑香甜中有高雅酸度，甜熟細膩的單寧帶來綿長多香的滑順結尾，仍驚人地年輕，是均衡的典範」。

　　於是，那些親身體驗過經典Aglianico

在高齡期仍有豐潤醇厚的酒評家們，
一致認定這只能是「偉大的紅酒」。
Aglianico，當然順理成章，就是能打造出
偉大紅酒的頂尖品種。即便無緣嚐到同年
份「偉大紅酒」者如我，都藉由同廠同款
的不同年份，以及近年的其他品嚐經驗
深信：既能濃郁靈動，又能遒健明麗的
Aglianico，其實是動靜皆美、老少皆宜，
絕對有頂尖的理由。

古老美味深藏不露
葡萄園和農夫從未離開

但是一種偉大的紅酒，竟能長期藏在
深山裡，都沒讓外人發現？其實當地人都
知道，早在百餘年前，Montemarano的酒
就因品質優異而被運往北義、甚至遠到法
國，默默地「化身」為Barolo或波爾多等
名氣更大的酒。索柯叔也回憶，自家在
Montemarano代代相傳的葡萄園，就曾在
他祖父的年代，把酒賣往北義的Piemonte
產區。

類似的情況，其實在整個南義或西西
里島都屢見不鮮。「南酒北運」再加上
一點無傷大雅的「偷天換日」，對物產
豐饒、全境無處不產酒的義大利來說，
更是歷史上舉凡葡萄遭病害、惡劣年
份等危機時，再自然不過的選擇。儘管

Montemarano曾因葡萄酒運輸而有繁榮的光景，如今卻只剩下等不到火車的荒廢車站，就連曾經滿山遍野的葡萄園，也只剩不到一半，但是大自然豐饒依舊，農夫和葡萄園也從未離開。

或許正因如此，深藏在Montemarano裡、近年來才開始自家裝瓶的Il Cancelliere酒廠，在我看來，就像是夢想中的天堂樂園，又或者讓人像是乘了時光機，暫時回到上世紀美好的七〇或五〇年代。隱身在磚房裡的酒廠，只有極簡的釀酒設備，除了鋼槽和超過百年的舊木桶外，沒有化學分析室、也看不到最新最炫的科技。

倒是和主屋相連的儲藏室裡，滿是最頂級超市都無法想像的上等珍寶。自家水果製的果醬、自家蔬菜醃的罐頭，儘管位於深山，但是掀開儲藏室裡的小木簍，竟然還有親戚漁夫捕來的油漬漁獲。整排特級初榨橄欖油當然也全是自家生產，如同葡萄酒採有機耕作、全無添加。「有菜有魚，那肉呢？」我忍不住打趣，殊不知主屋外不遠處，就有豬狗雞興興旺旺。離主屋不遠處另有磚造廚房，裡面設有兩口柴火正旺的豪華古灶，銅鍋下搖曳著焰火，就等女眷們手桿的餃子、麵條下鍋。

本廠最奢華的配備，卻是在最顯而易見的地方。在Montemarano，葡萄園往往呈小塊狀，分散在Montemarano各處；本廠卻難得有整片近七公頃的山坡葡萄園，將居所兼酒廠團團圍住。這片海拔在五、六百米間的祖傳農園，連使用的葡萄樹種，都有近半是以自家保留下來的未嫁接

老樹繁殖所得。於是，這些幾百年來早已充分適應當地環境的「在地」Aglianico，在Montemarano靠著更高的海拔、更涼爽的氣候，以及土壤中更多的壤土和黏土，造就力道最遒勁，也被公認是最適合陳年的濃醇豐厚型Aglianico。

　　事實上，正是這些香濃醇厚、勁道十足、強健雄偉卻依舊均衡生動的酒，讓我聯想到記憶中Taurasi Riserva的豐美醇郁。也正是這些和輕快甜潤、柔和簡單的Dolcetto相差十萬八千里的Aglianico真滋味，讓我在自然酒展上一喝傾心，最終尋上Montemarano。按索柯叔的說法，過去以老法子釀成的Aglianico，完全不是年輕時能喝的酒，要讓這刁鑽難種的葡萄有好表現，更是只有在極少數土壤真正合適

的頂尖地塊，才有可能。比方索柯叔家的葡萄園，就是在Montemarano總數三十塊以上的歷史名園裡，位於Jampenne和Chianzano之間的絕佳知名地塊。

不隨風起舞的紐約紳士
美味得要耐心

　　索柯叔一席話，倒呼應了我近幾年的Aglianico經驗。因為就在嚐過Taurasi Riserva成熟後的變化多端、柔潤挺拔之後，我的Aglianico美味追尋，也曾遭遇一段不算短的碰壁期。總覺得陸續嚐到的Aglianico，儘管甜美討喜、又或許豐美柔細，但就是有種「隔著滿是塵垢的玻璃看風景」的喟嘆……美雖美矣，卻總模模糊

糊，少了些記憶中Aglianico該有的攝人魅力。

原來，隨著近年Aglianico愈受歡迎，生產者數量和種植面積也直線上升，加上順應國際市場流行的新想法，這才催生出許多讓人聯想到Dolcetto那般更甜潤柔美、年輕就適飲的「討喜可愛型」Aglianico。這些可愛型酒款的產製，從源頭樹種就試圖改變品種單寧強勁、酸度飽滿的特性，或改變釀法來拼命幫Aglianico「轉型」。種種嘗試或許帶動了品種的新流行、讓更多人也有機會接觸這個品種，但對經驗過濃醇豐厚Aglianico滋味的人而言，這類「新移民」卻難免讓我輩信心動搖，甚至徬徨無措。

幸好，還有像索柯叔這樣深居簡出、專心致志的農夫。儘管索家也在先人辭世後因繼承分散了土地，然而當其他親族們選擇更單純地種葡萄賣給大酒廠之際，索柯叔卻幸運地有兒女輩願意接手，甚至斷然決定，要以更自然的方式來傳承葡萄園。小輩們於是選擇**自然派的農耕和釀造**，雖然讓他們在多雨的2009年面臨必須淘汰約三成收獲，且無法產出Taurasi、只能將所有酒款都降級的窘境。但也因為這樣，如今酒廠能依樹齡和釀法，產出平均壽命至少十年、適合「年輕」喝的酒，還有儲存得當的特優年份頂級佳釀，讓年近八十的索柯叔都不得不認輸：「這些酒或者能活得比我還久」。

的確，在Il Cancelliere裡，我嚐到的那些還在桶中沉睡的Aglianico嬰孩，各個都有記憶中的豐盛、飽滿：**有風味結實葡萄能帶來的最濃郁紅黑漿果甜潤香氣，更有幾乎不可能被錯認為Dolcetto的雄赳赳氣昂昂結實單寧**。不同的年份各帶著獨特的風味印記——冷峻多雨、優雅輕盈的2016年，在花香和熟果乾香氣中，透出層層疊疊的菸草、薄荷和黑胡椒，展現出極細膩柔美的多酸悠長；而過去五十年裡最乾熱年份之一的2017，光聞就爆表的黑李果醬甜香，儘管酒精濃度超過17%，飲來卻渾然不覺，只覺著濃郁水果、豐潤酒精、厚實酒體，穩穩地結成壯盛豐濃的均衡三位一體。

索柯叔的女兒娜蒂亞（Nadia，右圖）回憶，早年在家族聚會上，也曾喝到過七〇年代的當地Aglianico，她說當時那些只是農夫釀來自己喝、全沒用到新橡木桶的酒，都能在四十幾歲高齡時，依舊濃郁結實、鮮美生動。只因為當地過去並沒有小農自釀裝瓶販售的傳統，把收成賣給大酒廠幾乎是葡萄農們的唯一出路，這才讓在歷史上留名的偉大老年份，只有唯一裝瓶的大廠，如Mastroberardino。

當濃厚豐美的Aglianico，儼然男芭蕾舞者般，在口中演繹出力與美兼具的風味

口感時，我心中對這家人滿懷感謝。多虧這位一輩子都在葡萄園裡（或許此生從未離開過Montemarano），心心念念只有在葡萄園裡該「好好工作」，手掌布滿厚繭的索柯叔。對他而言，幾千公里外的某個外國酒評怎麼評價他的酒，或許從未在他的念頭裡閃過。也多虧這些專心致志、如如不動的深山農夫，才讓Aglianico能在這些義大利的偏遠深山裡，一直保持著最真、最美、最該有的樣子。

家族成員裡唯一能說英語、如今卻仍需另有正職才能支撐酒廠運營的女婿克勞迪歐，倒是在娶了農家女後，也深入了Aglianico的美味核心。他說：「你知道歌手史汀（Sting）有首歌叫〈紐約的紳士〉（Gentleman in New York）嗎？那就是Montemarano的Aglianico。就像那首歌唱

的：就算很急，紐約的紳士也不會狂奔，只會優雅地快步走。Aglianico也有它自己的熟成方式，想喝的人，只能耐心等。」

火山古樹
造就 Aglianico 布根地

克勞迪歐說的沒錯。我甚至認為，每一次接觸、品嚐Aglianico，那些一再重複的或期待、或失望、或喜出望外、或感動莫名的過程本身，就像一場修行。你不只得耐心等，還得在可能的一次次失望後，仍懷著無可動搖的信心。既能是王子，也能是庶民的Aglianico，如果在Campania Taurasi產區的Montemarano，展現出它儼然波爾多的那一面，那麼再往東約九十公里，很多義大利人都沒聽過的Basilicata

大區裡因為死火山Vulture而得名的同名產區，就要算是**Aglianico裡的布根地**了。

我還記得幾年前第一次踏上Basilicata時的事。前往深山小鎮的慢速火車，每站都停，旅人卻無從得知哪一站是哪裡。無數個轉瞬即逝、一眨眼就瞥不見站名的小站月臺，即便手握預先查好的時刻表，試圖用抵達時間來確認下車地點，都仍然有意外臨停，差點誤了目的地。如果在Campania的Il Cancelliere，時光退回上世紀的美好年代，那麼在義大利人口倒數第二的Basilicata，時間用的則是另一種不同的刻度。在這異世界裡，山中既無甲子、亦無人煙。連義大利人都嘲諷，這裡因為連黑手黨都難以生存所以鮮為人知，人煙稀少到當地甚至很難找到五十歲以下的居民。只有百萬年前生動活潑的死火山

Vulture，是當地的唯一生機，也只有至今仍富含火山灰的那片沃土，滋養著無數座山坡葡萄園。

比方在Basilisco酒廠擔任釀酒師的薇薇安娜・馬拉法里納（Viviana Malafarina），就是因為葡萄酒才來到當地，一晃快十年的外地人。在酒廠擁有的最古老葡萄園裡，她驕傲地告訴我說：「我們這些未經嫁接的老樹，連專程來訪的波爾多葡萄種植學者們都大力推崇，說這簡直是活生生的葡萄園博物館。他們說四百年前的葡萄園，長得應該就是像這個樣子，只不過類似的景象現在全歐洲都找不到了，只有在我們這裡保留下來。」

的確，儘管我沒見過四百年前的葡萄園，但園裡那些得靠木樁在四周圍成一

圈，才能像扶著步行器的老奶奶般勉強佝僂著身軀的葡萄樹，卻是我生涯首見。放眼望去盡是滄桑的葡萄樹們，甚至讓我分不清哪些才是「老樹」。我隨手指了一顆向薇薇安娜求證，她卻只搖搖頭。因為即便是老樹以自根長出的「新生」枝幹，如今也年屆半百，歷經風霜的老態讓人很難分辨。幸好，這些一直在當地的Aglianico耆老們，儘管產量極低，很多甚至往往只能結實一兩串（僅產區規範的十分之一），但是這些稀有的果實從外觀到風味口感，卻都保留著Vulture的歷史原貌。即便看來顫顫巍巍，但是濃郁的風味，卻是讓酒增色添香的重要存在。

如果說在Montemarano深藏不露的Aglianico讓人彷彿回到上個世紀，那麼這些在Basilisco酒窖裡展現出Aglianico最浪漫唯美的酒，或許更像停留在數百年前。這些酒也曾和Montemarano的同類一樣，在幾百年前被運到北邊、化身為其他名酒，甚至被認為是義大利最偉大的紅酒。然而由於為數不多的當地酒廠幾乎都位在荒山野嶺，甚至像15世紀為遠離戰亂才移居到當地的阿爾巴尼亞移民，欣然安住在深掘的地下通道裡。於是，由火山爆發、岩漿漫流的碎屑積壓而成的千層凝灰岩阻絕了外界和這些酒。在既能保持低溫、又能潤出水來的岩壁環繞下，Vulture的Aglianico，只安於自身高貴優雅，也不管洞穴外是否歲月靜好、變化萬千。

深埋的柔美其來有自？

就連義大利土生土長的女釀酒師薇薇

安娜，在2011年來到Vulture定居前也從未想過自己會踏入如此的異世界。「這裡的人想法還是非常傳統、守舊，特別在像農業這種傳統產業，簡直讓人無法想像」她說。「比方當我接到電話，說要找酒廠裡管事的人，而當我繼續接著講時，他們會讓我去找『真正管事的』，因為在他們的想法裡，女人不該管事。」

既有群山環繞、還謹慎地深埋地底，也難怪這些Basilicata人，既不在乎當地以外的義大利是否知曉自己，更不在意21世紀什麼時候才會降臨當地。於是，當Vulture的大自然仍然保存著博物館級葡萄園的同時，社會上也自然留有百年前的傳統守舊、甚至是早就過時的男尊女卑。據說在四、五十年前的當地婚禮上，老人們會教導新婚男人，要在婚禮後的頭三天，

隨便找個理由痛打太太一頓，好讓女人們知道，從此丈夫就是天，女人便該溫柔順從。幸好，Aglianico在此地，表現出的絕對是最細膩優美的女性那一面。

薇薇安娜就認為，Aglianico在不同產區的迥異風格，除了先天的地理環境外，還反映出各地迥異的釀酒傳統。比方在地質更古老、雨量也更多的Taurasi，釀造上本也更強調厚重、多萃取的骨肉豐盈強勁風格。相較之下，地質年代上屬於更年輕火山土壤的Vulture，則**因土壤結構往往帶來更多礦物感，甚至偶有鹹味或苦味**，在釀造上才更偏向以優雅、纖柔，讓酸度和礦物感盡情舒展的柔美調性。

也有專家認為，長久以來長在不同產區的Aglianico本身，為了適應各地環境而

演變出的不同特性，才是主導風格的基礎。比方在Vulture的Aglianico，就是普遍公認最能展現鮮潤水果香氣口感的箇中翹楚。這使得在釀造上往往走輕柔路線的Aglianico del Vulture，**不只有空靈的礦物感，還有最嬌豔欲滴的鮮潤紅色漿果風味，和綿長細膩的酸度**，共同建構出高雅多汁的品種樣貌。

不過薇薇安娜（上圖）也在深入研究自家幾塊位於不同村落的葡萄園後發現，Vulture不管是按海拔高低分為兩大塊，或細分為上中下三大塊，各村各園的各異土壤結構與海拔、日照、坡度、坐向，乃至所使用的Aglianico不同樹種等，確實都讓

Aglianico del Vulture在潤澤多果、酸味纖纖的優雅細膩共通風格外仍各有千秋。她甚至因此在熟悉各園表現後，大膽地決定將不同園分別釀造裝瓶，以凸顯其中差異。

比方在自家更多石灰岩的葡萄園Crua，酒的單寧往往更細緻優雅，甚至多有香料風味。在更多黏土或泥灰岩的Fontanelle，酒款則顯得更年輕有活力，不只單寧更生猛，也有更鮮活的果香和上升輕盈的香氣。當然，火山活動帶來的複雜土壤結構，讓不同葡萄園都可能在某片地塊，出現不同於他處的異質表現。「不過，不同的葡萄園差異更像是不同的音符，而我想做的，就是用這些音符，最理

想地譜出屬於Aglianico del Vulture的優美旋律。」她這樣說著。

印象派王子和庶民

接手Basilisco酒廠前，曾經是語文教師、從事過餐旅服務，卻沒有任何葡萄酒相關經驗的薇薇安娜，在和Vulture的農夫們近距離接觸十年後，也從當地農夫身上學到他們和環境天人合一的方式，甚至能在自家用自然動力法（Biodynamic）[1]的葡萄園裡，像中醫那樣對著一棵棵葡萄樹望聞問切起來。「那些農夫簡直就是藝術家，只要到園裡一看就知道葡萄需要什麼、不需要什麼，甚至連一棵橄欖樹、無花果的需求，他們都一清二楚。因為他們會全面地、完整地俯瞰整個葡萄園，然後從中觀察出整個自然環境是否處於均衡狀態，這和那些只是按表操課，聽命去哪裡剪枝、用哪些噴劑，是完全不同的。」

我倒是好奇薇薇安娜從零開始的學習，是否也曾艱辛到難以承受，她反問我：「如果你是要我承認有沒有在又濕又涼的酒窖裡，對著那些酒放聲大哭過，答案是有的」，說完她爽朗地大笑起來。「不過這種學習方式確實很有趣，因為當你仔細去觀察、建立出一個標準之後，慢慢就會知道，每棵樹當下需要些什麼。

1. 編注：於1924年由奧地利學者魯道夫・史坦勒（Rudolf Steiner）提出，主張減低人為干預，讓果實透過自然的力量成長。

我覺得每棵樹就像不同的學生，狀況、需求也都不同。有些可能該去掉一些果串以保留更多力氣，有的可能該除掉過多的葉子」。她開始露出像老師的表情：「你知道嗎，我剛來的時候，我們只做兩種發酵，現在我們做到五種，因為就像你剛看到的，不同葡萄園裡的不同顏色土壤，從黑色到黃色到白色，現在我們都認為需要分別發酵來觀察其中的差異，以便更理解這些葡萄園」。

提到自己的Aglianico學習歷程，薇薇安娜眼底閃爍著光芒，「你知道嗎，」她語帶興奮地分享：「一開始我其實沒有很喜歡Aglianico，因為這種葡萄不只難種、晚熟，成熟的時候還剛好是天氣可能變得很濕的時候，甚至會濕到很難進葡萄園，和它們在酒杯裡優雅有力的樣子完全是兩回事。」她像是在抱怨自家孩子。「不過現在我很興奮，因為我發現它竟然能在不同產區，既如此地相似，又如此不同。甚至在同一塊葡萄園裡，它都能用一種語言，說出很多不同的故事。」眼前的薇薇安娜，既像個興奮的學生，也像個熱情的老師。兩種角色彼此滋養、同時並存，就像Aglianico：如某些專家們推論的，能嫁雞隨雞、深刻地展現不同的風土差異。與此同時，她也不只是個犧牲奉獻、完全抹去自己聲音的家庭主婦。不論在哪兒、做

什麼，她都留下屬於自己的特殊印記。

唯一讓薇薇安娜扼腕的是，在如今的年代，理解Aglianico速度的人或許更少了。她感嘆，現在最想喝的，其實是九〇年代後期的酒，她認為這些Aglianico，現在或許才迎來最美、最好、最盛開的時候。只可惜，即便在時間彷彿不存在的Vulture，Aglianico的時鐘，畢竟還是被時代調快了速度。

過去，Vulture的Aglianico濃到老農們在前往葡萄園時不光只帶半瓶酒，還常要帶上半瓶水去兌酒。如今不同於以往，在王子和庶民間自在優游、用自己的步調優雅前行的Aglianico，又到底讓我們窺見的是它的哪一面？或許這些不同產區、村落、每塊葡萄園、園裡的不同地塊，都只是印象派畫作上隨意擷取出的一方斷片。乍看一片綠色的畫面裡，仔細端詳卻還有紫有紅，或許還藏著黃和灰。如果樹不只是綠、花也不只是紅，Aglianico或許也不只是王子和庶民，只要願意打開藝術家之眼，就能通透它的無限可能。

03 / 荒野葡萄酒影帝

Verdicchio維蒂奇歐

著名的美國電影導演奧森・威爾斯（Orsen Welles）曾說：「義大利到處都是演員，全國共有五千萬人之多，而且幾乎每個都很有天分。少數蹩腳的都跑去演舞臺劇和電影了。」

在義大利的葡萄品種界，白葡萄Verdicchio顯然演技也堪稱影帝，否則它不會在19世紀末被譽為是義大利中部Marche大區最頂尖的白葡萄品種，到了近百年後的上世紀六、七〇年代，又以流線造型的紋綺空心大少形象風靡美國。時隔二、三十年，Verdicchio又搖身一變，成了本世紀最讓酒評家們齊聲叫好的實力巨星。

根據近年葡萄酒專家們的說法，Verdicchio可是有絕佳的陳年潛力、無與倫比的風土表現力，能和如今最被推崇的那群頂尖義大利白酒品種齊名，像是西西里島的Carricante、東北的Garganega、南義的Greco和Fiano，甚至東部的Trebbiano Abruzzese。只不過，如果你更早認識Verdicchio，那麼就在幾十年前，聽過這名字的人，都還只知道這是一種裝在設計師精心打造的魚形（或類似雙耳陶罐形狀）流線造型酒瓶裡，外表時髦、內裡卻往往稀薄寡淡，連喝的人都不在意到底是什麼的東西……

Marche
Verdicchio
重點產區

Pesaro

Fano

Urbino

Castelli di Jesi Verdicchio Riserva DOCG
Verdicchio dei Castelli di Jesi DOC

Ancona

Jesi

Fabriano

Matelica

Macerata

Verdicchio di Matelica DOC
Verdicchio di Matelica Riserva DOCG

San Benedetto
Del Tronto

Ascoli Piceno

頂尖品種的偏鄉速度
融入幾百年、發展數十載

從紈絝空心大少到眾人盛讚的頂尖名角，儘管外界對Verdicchio的看法隨時代變遷產生了戲劇性的轉變，但是Verdicchio本人卻一直維持著**豐沛高酸的本性、強健少病的耐力、從氣泡到貴腐「演誰是誰」的彈性**，一路走來始終如一。歷史上流傳，說Verdicchio很可能是由東北義Veneto一帶的農夫，在15世紀瘟疫肆虐被迫遷徙時帶到中義Marche的葡萄品種。就連現代的葡萄DNA檢測都證實，Verdicchio的確和常見於東北義的Trebbiano di Soave在基因上有許多相似，或許真是五百年前的顛沛流離，讓今天的Verdicchio很能適應當地環境。

不過，Verdicchio雖然花了幾百年時間，才終於在義大利中部的Marche，罕見地以區區幾千公頃的種植面積，建立起享譽國際的赫赫聲名，但是這片今日Verdicchio的應許之地，卻仍是許多義大利人都相當陌生的「荒野」。難怪從北義著名的氣泡酒產區Franciacorta移居當地的Pievalta酒廠女主人席薇亞（Silvia）就說：「我搬來這都十年了，但不只我北邊的很多親朋好友到現在還搞不清楚Marche是哪裡，就算在這兒，只要我一開口，當地人就會注意到我的外地口音，而且不像在北邊，他們還會因此大驚小怪。」

這也難怪，作為一個除了海岸線和丘陵就幾乎都是山的地方，Marche雖然實際坐落在義大利中部，但是封閉程度卻更像南義。Marche在半島上的位置，幾乎就像是臺灣的花蓮：同樣有美得叫人屏息的碧綠海岸，往內陸不遠也能找到巍峨高山。但是當地既沒有高速火車、也沒有通往大城的主要鐵路幹道，去哪兒都只能長途跋涉、翻山越嶺。崎嶇難行的地形、少有往來的交通，使得中世紀以來遍及義大利全境的佃農制度（Mezzadria，由農夫和地主各享一半收成），唯獨在以Marche為首的中義山區，罕見地持續到二戰結束，就連Verdicchio身為葡萄品種的發展，用的都是各站都停的慢車龜速。唯獨將傳承幾代的歷史莊園Bucci打造成區內最頂尖Verdicchio生產者的安培羅・布奇（Ampelio Bucci）是個異數。

看不上義白　先發掘風土

身形魁梧的安培羅，有著鄉紳般的慈眉善目和孩童般的好奇眼神。儘管名義上是銀髮族，但是身著闊腿牛仔褲的他走起路來卻健步如飛，緊湊的工作計畫和行程表，就像他的陳年Verdicchio，不只絲毫不覺年紀，連我都自嘆不如。安培羅的Bucci家族，比Marche海岸線上的鐵軌更早來到

當地扎根。儘管早在18世紀，Bucci家族就已經來到今天Verdicchio最著名DOCG產區之一的Castelli di Jesi，但這位傳承五代的莊園主卻坦承，上世紀八〇年代以前，就連他也不認為Verdicchio有什麼吸引力。

從小生長在當地的安培羅回憶，在戰後佃農制剛結束的年代，地方上許多山村裡，都更盛行種植菸葉、亞麻、穀物等其他附加價值更高的經濟作物。至於葡萄，由於釀成的酒往往是成桶成桶地賣給北方Veneto來的機巧商人，所以根本沒人在乎酒是什麼味道。在那個年代，唸完博士的年輕菁英如果選擇從事葡萄酒業，那可是

會讓家裡含辛茹苦拉拔孩子成材的老媽媽，難過地哭上幾天幾夜。

所以對他來說，不只那些曾在七〇年代風行美國市場的Verdicchio沒什麼特別之處，他甚至也不喜歡當時義大利其他的白酒，管他是Soave還是Orvieto。他也直言，自己當年接手家族產業後，就是因為覺得法國布根地的白酒更有吸引力，所以才專程求教法國專家。當年也是因為法國專家一句「**合適的土壤才是最重要的，如果土壤不好，種什麼都沒用**」，才開啟他的「風土」模式，讓他自此成為地方上率先去理解葡萄園、理解Verdicchio，甚至早早

就開始嘗試有機農業的莊園主。

當事人都沒想到……
鄉野俗物的華麗轉身！

　　如今，在能望見碧綠亞德里亞海的米其林星級餐廳裡，安培羅的酒早就是酒單上最受歡迎的選擇。但是老先生卻坦承：「你知道嗎，過去根本沒人想過Verdicchio可以有這樣的陳年實力，包括我自己。」

　　安培羅回憶，當年他在酒廠運營初期，除了法國專家，還從北義請來已逝的白酒權威喬治・葛萊（Giorgio Grai）一起合作。這位釀酒師不僅要求嚴格，甚至還曾為了考驗他的耐性而屢屢刁難。不過，

儘管兩人對工作細節常爭論不休，但是對幾十年合力打造出的成果都非常滿意。於是，當安培羅在1982年首度推出自家Verdicchio，並在1983年首度推出只在好年份生產的Riserva時，官方其實是遲至1995年才通過關於Verdicchio Riserva的產區規範，讓安培羅持續以北義的速度遙遙領先。

　　因為事實上，安培羅除了是繼承家族產業的莊園主，還是在米蘭以時尚行銷專家奠定職涯的創意設計和行銷專才。而隨著我們從亞德里亞海海岸，進入更內陸的Castelli di Jesi產區，出現在我眼前的Bucci酒廠，就像是安培羅用創意妝點出的鄉間遊樂園。幾座外表樸實無華的老舊農舍

裡，不只儼然小博物館般擁有古董印刷機和各式農具藏品，建築物還保留了原有的穀倉結構，同時混搭從米蘭蒐來的經典家具和二手酒吧桌椅，構成氛圍溫暖迷人的獨特品飲空間。

隨著Verdicchio橫掃美國市場的「輕輕如水」風格在上世紀的八〇年代中期後逐漸失寵，安培羅初試啼聲的Verdicchio，卻在他持續鑽研土壤、改進釀造之後，以飽滿複雜的酒質漸受重視。他的幾塊座向各異、海拔不同，連葡萄樹齡都有老有少的葡萄園，恰好都是**適合Verdicchio生長的石灰岩和黏土，不只有絕佳保水力還能提供礦物感**。他還研究出最適合的剪枝方式，用自家老樹來繁殖新種，甚至在上世紀的九〇年代，當Bucci身為頂尖Verdicchio生產者聲名日盛之際，大膽地嘗試有機種植。安培羅的這一步不只降低產量，還大幅提升了葡萄品質，效果遠超過他的想像，酒廠也因此在本世紀初全面取得有機認證，從此更鞏固Verdicchio的酒王地位。

混調的深度
意外的陳年之美

今天在Bucci的酒窖裡，這一些來自不同葡萄園、以有機種植造就的極低產Verdicchio，儘管只以不銹鋼槽發酵、搭配大型舊木桶培養，但卻各個都有扎實飽滿的水果風味，還以清麗樣貌鮮明地展現各異風土。

在本廠的Verdicchio大家族裡，不同的海拔、樹齡、座向和日照多寡，讓風情萬種的姊妹花裡，有比如典雅賢淑、芬芳柔美的大姊，也有性格特出、辛辣刁鑽的任性小妹。即便是同顯富泰大方的老二和老四，彼此之間仍能分出偏男子氣的飽壯結實、和更女性化的骨肉勻稱。至於自成一格的老三，則是活潑飽實又鮮爽刺激。

這些嚐起來各自生動豐富、擷取任一種都足以挑起大樑的Verdicchio，卻在安培羅（右圖）的堅持下，幾十年來都是**混調成酒**。因為在他心目中，唯有如此才能造就出香氣最豐富多變、滋味最複雜多元，同時兼有超長陳年潛力的自家Verdicchio。儘管在桶邊試飲時，我確實更偏愛某些園，不過對於我信手組成的調配，安培羅和一旁的酒窖總管倒是毫不留情：「你這調配是也挺好，就是酸度還是刺激了一點。」

儘管對於Verdicchio該多鮮爽帶勁，我和安培羅或許各有想法，但是對於調配的複雜完滿肯定完勝單一園的看法，我卻和安培羅心有戚戚。這些單一園固然各自美妙，但是三個臭皮匠總勝過一個諸葛亮。特別是當他

在調配裡，除了通常會以樹齡最高的葡萄園為主體之外，還能透過調節不同園的比例，持續在近年天候挑戰愈趨嚴苛的年份，仍然維持他心目中最理想的Verdicchio樣貌。

至於Bucci Verdicchio廣為人知的陳年潛力……雖然我早先也曾嚐過高齡且精采的Bucci Riserva，但當安培羅在我到訪時搬出過去三十年間幾次橫渡大西洋、最終卻陰錯陽差被意外留存的1988年Riserva時，就在那農舍改造的溫馨品酒空間裡，我才第一次震驚於Verdicchio帶來的回味無窮，甚至感覺自己像是終於見證了Verdicchio的

某個神奇時刻。那些帶著**蜂蜜、菇蕈、堅果等複雜多層成熟香氣**的酒液，卻仍有令人難忘的清亮潤澤質地與複雜飽滿，又在優雅輕巧中盡顯綿柔之力。而那還只是當年樹齡遠不如今日、甚至尚未轉型有機種植前的果實釀的酒。

據說，早年曾有進口商對Bucci的酒很滿意，但卻希望安培羅能把酒貼上「Chardonnay」的標籤出售，被安培羅斷然拒絕。今天，當全世界都仰望安培羅的Verdicchio時，他的莊園卻仍然維持著古老的農耕傳統，在葡萄以外還生產小麥、豌豆、橄欖等不同作物。臨別前安培羅告

訴我:「用設計的魔法,讓舊的東西煥然一新,其實才是我最感興趣的事。」或許正是因為他的獨特美感和慧眼獨具,才讓Verdicchio有了從鄉野俗物到頂尖品種的華麗變身。

消失的金牌紅酒
留下的頂尖產區

告別安培羅的幾天後,我搭上火車,越過一個又一個漫長的隧道,才從Verdicchio的一個頂尖產區,去到另一個頂尖產區。從靠近碧綠亞德里亞海岸的Castelli di Jesi,一路往內陸亞平寧山脈邊上,一個只靠三百公頃Verdicchio就被全世界認可的勝地——Matelica。

從海岸往Matelica的火車,出人意外地會先繞經許多偏遠山村,然後穿越義大利的脊髓,抵達另一頭的世界中心——羅馬。途中經過一個個的深不見底隧道,每出一個隧道,周圍的綠意就更深、秋風更涼、聳立在眼前的山壁也愈來愈高。那時我還不知道,就在隧道的那一頭,這個如今以頂尖Verdicchio白酒聞名的地方,竟然早在百餘年前,就已經是產酒能揚名國際的金牌紅酒酒區。

因為曾在1908年,Matelica就有紅酒

在法國巴黎的某個酒展上，大勝一眾法國酒、奪了金牌凱旋返鄉。只不過當年那些酒，是否也先乘火車到羅馬再輾轉巴黎，早已沒人知曉，就連當時金牌紅酒用的是哪種葡萄，都早被遺忘殆盡。不過即便如此，今日當Borgo Palianetto酒廠股東之一的喬凡尼·洛維西（Giovanni Roversi）說起家傳這塊如假包換的金牌秘辛時，仍是鏗鏘有力。這段屬於他曾祖父的往事，透過他興奮的語調，聽著也彷彿才昨天的事。至少Matelica作為一個適合葡萄種植的頂尖產區，可不是昨天才出來混的黃毛小子。甚至連當初設置DOC產區、1967年就通過的Matelica，都硬是比1968年才通過的Castelli di Jesi早一點點。

事實上，只要瞄一眼地形圖，所有人就都能看出Matelica的得天獨厚。位置更近海的Castelli di Jesi，因為位於東西向的開闊谷地、能接收來自海岸的溫暖氣流，加上葡萄園所在的丘陵往往海拔只在一至三百米，使得Verdicchio往往柔潤豐腴，帶有白花、桃子等甜熟花果香搭配清爽酸度，造就柔滑質地和清新口感。

相較之下，Matelica不只位於Marche區罕見的南北向內陸山谷、兩側還有高山造就更封閉環境。雖然產區規模只有Castelli di Jesi的近十分之一，但由於近山的葡萄園海拔主要集中在更高的三百至五百米間（最高甚至超過七百米），加上古代曾經

是海洋的土壤構成也更複雜多元，使得區內擁有更嚴苛的自然環境、更偏大陸型的氣候，不只讓生性多產的Verdicchio能自然降低產量，還往往有較晚的收成期。最終，**低產量造就風味更濃郁的果實，明顯日夜溫差帶來更鮮明的酸度**，加上更多礦物感的表現，使得Matelica的酒在風格上更顯英氣勃發、勁道十足。如果說豐潤柔和的Castelli di Jesi酒款感覺像是自帶一層柔焦，那麼Matelica的酒，就有著去除柔焦後的銳利鮮明、對比清晰，甚至有更多礦物感凸顯深度。

又傳統又創新
眼界引領潮流

身為一家2008年才成立的酒廠，Borgo Palianetto不只生動地展現出Matelica的葡萄酒業特色，還儼然是個當地特有的勵志故事。這家創立才十多年的酒廠，卻有著五位加起來超過三百歲的土生土長股東。酒廠雖然年輕，但是由股東家族代代相傳的葡萄園，歷史卻隨便都超過二、三十年（包括喬凡尼曾祖父當年釀出金牌紅酒的地）。然而，這群偏遠山區的Matelica人，又不只是世居當地的鄉野耆老，而是曾在北義或外國，有豐富跨產業閱歷的見識不凡之士。因此，他們不只對

自家的歷史葡萄園知之甚詳，還能敏銳地掌握時代潮流，甚至在創立之初就採有機農業來提高品質，甚至讓酒窖都取得有機認證。

這些至今還記得Matelica曾是金牌紅酒產區，知道在幾代人以前當地是用特產的亞麻才和法國人換來Merlot葡萄，讓紅酒傳統深植當地的同一批人，今天卻也欣然接受近幾十年才建立起的白酒聲名。於是，Borgo Palianetto在絕佳天然環境下，搭配有機種植葡萄做成的酒，儘管只經鋼槽培養，卻個個都有飽滿水果、豐富礦物風味，**口感活潑生動又結實勻稱，搭配絕佳的陳年潛力**。比方我嚐到的Borgo Palianetto Verdicchio Matelica Vertis 2011，儘管已是開瓶第二天，卻仍有細密酸度和豐富礦物感，甜潤的黃桃果香，完全是凍齡的青春身影。

酒廠依葡萄樹齡、收成時機和培養期長短區隔出的各式酒款，儘管價位不同，近年卻普遍在義大利各大專業評比上廣獲好評。年輕帥氣、操著流利英文的酒廠代表馬可‧維奇歐利（Marco Vecchioli）表示，Matelica的Verdicchio，因為產區和產量都更迷你，因此知名度或許不如Castelli di Jesi，但是兩地的環境差異，卻能讓同年份的酒都經常存在明顯的風格和陳年差

異。的確，僅就我嚐到的2015年份，就能感受到在Castelli di Jesi生產者手上顯得柔美易飲，但是以Borgo Palianetto的頂級酒款Jera來看，酒卻依舊清秀嶙峋，顯然需要更長的發展時間。

馬可笑說，儘管酒廠的股東都有點年紀，不過同事們卻多半是像他一樣的年輕世代，於是新舊想法得以充分交流，酒廠不但把社群媒體經營得有聲有色，也不像許多傳統的山區酒廠那樣，至今只靠電話和傳真對外溝通。以我嚐到的2009年頂級酒Jera來看，儘管只是酒廠的第一個年份，卻已在十年後發展出成熟Verdicchio

常見的蜂蜜、堅果甚至奶油糖香氣，搭配不容忽視的結實礦物感，複雜多層、滋味十足。不過**這種往往得經木桶培養才會出現的白酒風味，卻是Verdicchio能不經木桶、只憑長期培養就變出的戲法**。當我提及有人認為Verdicchio很適合木桶培養，這位大男孩倒是調皮微笑：「這想法太老派了，感覺應該是還停留在九〇年代、而且是為了仿效Chardonnay才做的吧！」

踏實求真　愈學愈忘

不過，當然也有人不這麼想。也許對於新世紀的Verdicchio生產者來說，當從

歷史中很難找到典範、也沒有持續數百年的傳統可供追隨之際，一步步腳踏實地印證所學、摸索出最適合自己的方式才最理想。Pievalta酒廠這對從北義來到Castelli di Jesi扎根的年輕夫婦席薇亞（Silvia）和亞歷山卓·費尼諾（Alessandro Fenino），就是最好的例子。

在我到訪的那一天，Pievalta正是秋高氣爽的完美收成時節。圍繞著酒廠建築的葡萄園，有黃綠相間的和緩山丘做背景，恬靜的田園風光，完美到幾乎就像虛擬。就連漂浮在空中的雲朵，都夢幻得像是特效，陽光下的Verdicchio彷彿臉上帶著雀斑的青春少女，晶亮可愛到不行。

米蘭出身、在北義學釀酒專業、還曾在氣泡酒產區Franciacorta大展身手的亞歷山卓，雖然是應當時的東家——Barone Pizzini酒廠的老闆西爾瓦諾·布雷夏尼尼（Silvano Brescianini）——之邀才來到當地。但如今回想起來到Marche發展之初的種種艱辛，這位略顯靦腆的理工男臉上反倒盡是溫暖的笑容。他說：「來到這裡，我學到的就是，每一年都要忘掉一些過去學會的事」，逗得我忍不住大笑。

不過他所言並無半點虛假，而他優異的學習成績，更是透過本廠滋味鮮活、生

動宜人，從氣泡到甜酒、從白到紅無一不美的絕佳酒款表現，得到最好的印證。由於亞歷山卓（左圖）曾在北義嘗試過有機種植，於是才來不久，便將酒廠的葡萄園先是改為有機，更在累積更多品飲和學習經驗後，自2005年起全面改採自然動力法。很多科班出身的釀酒師，往往容易對看似欠缺科學實證的自然動力法心生排斥，但亞歷山卓卻說：「對我而言，透過品嚐能感受到的截然不同風味和口感，就足以說服我。」

只不過，自然動力法給葡萄樹帶來的嚴苛考驗，卻讓多產如Verdicchio，只剩下比有機種植更低的產量。幸好亞歷山卓發現，這麼做讓葡萄裡的風土印記確實更鮮明、礦物感也更強了，再加上原生酵母不控溫發酵等釀酒工序的搭配，使他意識到改採自然動力法，得重新思考從種植到釀造過程中每個看似無關緊要的枝微末節，並體會學校裡教的現代釀酒學很可能弊多於利。最終，他必須持續地忘掉過去所學，才能迎向更嶄新美好的未知境界。

於是，不管是硫的使用時機、對氧化或酵母的態度、乳酸發酵是否必須、如何使用木桶培養等，他都從累積的一個個年份裡，一方面從區內名廠如Bucci學習（兩夫婦聽到我竟能直入Bucci酒窖參觀時，

臉上止不住羨慕的表情），另一方面，也實際找出屬於自己心目中的答案。在我看來，亞歷山卓更像是個用酒來表達思想的創作者，不像區內其他許多只管對釀酒顧問言聽計從的同儕。

比方本廠的氣泡酒，就是在亞歷山卓堅持下，逐漸減少補添的糖分，最終成為今日原汁原味的零補糖版本。因為曾在2004年去拜訪東北義的重要生產者若斯科・格拉夫納（Joško Gravner），亞歷山卓於是也嘗試用陶甕來釀Verdicchio。儘管最終因為對結果不甚滿意而計畫告吹，但卻也造就今天有部分在陶甕發酵的風乾甜酒。濃郁的糖漬蜜桃香加上堅挺質地，這款在甜潤飽滿中還有清爽酸度的酒，不只美味異常、風格討喜，也是老婆席薇亞的最愛之一。

開放心胸
玩轉十八般武藝

事實上，對於Verdicchio該在Castelli di Jesi產區呈現出怎樣的面貌，近幾十年的發展或許還不足以形成普遍的定見。因此，亞歷山卓一方面對Bucci以大木桶培養出的潤澤豐滿型態很有興趣，另一方面也接受當地老農們天天喝的更清爽淡雅口味，試圖兼容並蓄，一方面挑戰Verdicchio

Le nostre vigne:
Maiolati Spontini
Riva sinistra dell'Esino

Fosso del lupo
nord
2,42 h

Orfeo
1,6 h

Fosso
del lupo
centro
2,09 h

Veranda
3,5 h

Fosso
del lupo
sud
1,27 h

Pieve
1,4 h

Lago
0,5 h

Trebbiano
1,45 h

Chiesa
di Santa Croce
del Pozzo
5,31 h

Montepulciano
1,05 h

的各種可能，一方面也從中找出屬於他的詮釋。

這或許是為什麼，從Pievalta的酒款系列裡，能看到完完整整的Verdicchio十八般武藝。潤澤甜美且有鮮明酸度的甜酒，不只清爽不膩，還讓人欲罷不能；香氣細膩、氣泡綿密，連口感都嬌柔可人的氣泡酒，儘管經兩年酒渣培養、零補糖，卻能在果味外還有鮮明礦物感和杏仁風味。只經鋼槽的清爽純淨版Verdicchio，能在檸檬等清新草本風味外還有堅果和杏仁香；如今屬於單一園酒款的Domine 2011，則在經陳年後有豐厚潤澤的質地、香氣和口感，幾乎讓我聯想到最昂貴的布根地

白酒。僅在最好年份生產的單一老園San Paolo Riserva，不只經過更長的酒渣接觸、還有柔潤結實口感，明顯具備驚人的陳年潛力。

就連酒廠僅有的一款Montepulciano品種紅酒，感覺都比南部Abruzzo的濃郁奔放更收斂，均衡地顧及近海產區果實的潤澤豐美，也有近山產區如Matelica可能有的細膩單寧，相當清純可喜。

事實上曾有酒評家指出，Verdicchio的優異風土表現力，不只讓近海的Castelli di Jesi和靠山的Matelica罕見地有鮮明風格差異，即便同在Castelli di Jesi或Matelica裡，

都還能再細分出風格相異的小區，由此可見該品種功力不容小覷。我倒是認為，葡萄品種的風土詮釋力，或許真存在有先天的高低，但是生產者是否**充分認識風土、又或者透過像有機種植或自然動力法，讓葡萄真正發揮潛能**，或許才是最終品種能耐是否被彰顯的關鍵。

和Verdicchio一樣，一路從北義來到Marche的亞歷山卓，一轉眼也和Verdicchio朝夕相處了十幾年。當他被問到是否同意酒評家所言，說Verdicchio是堪稱「偉大」的義大利原生白品種時，他沉默了一會兒，接著只淡淡地冒出一句：「我覺得這個品種就是適合這裡」。或許，當五百年前可能是同源的Trebbiano di Soave並沒有在東北義吸引太多注意力的同時，遠道而來的Verdicchio，也很可能只是終於適應了Marche的海岸和山區、終於在這個時間點巧遇了一些願意用心傾聽的生產者，才成了伯樂手上的千里馬，馳騁出讓人驚豔的極速表現。

如果Verdicchio能在因緣際會下，因為堅守Marche這個舞臺、在臺下持續努力很多個十年，才讓自己終於在臺上被看見，那麼誰知道其他目前還沒沒無聞的品種，不管是Biancame還是Maceratino，會不會也在未來的某一天成為義大利葡萄酒舞臺的

下一個影帝或影后？畢竟，這可是到處都有天才演員的國度！

04/最貴的草包——
平凡中的偉大

Sangiovese山嬌維榭

不論在世界的哪個角落，只要是最廉宜、鋪著紅色方格桌巾的義大利小館裡，就一定能找到那些用麥桿包著圓滾滾的大肚酒瓶、被稱為「草包酒」的Chianti，而裡面裝的，正是Sangiovese葡萄的汁液。另一方面，曾經被義大利總統用來在國宴上招待英國女王，還總在「死前必喝百大葡萄酒」、「義大利最貴葡萄酒」排行榜上占有幾席的Riserva等級Brunello，也是Sangiovese的汁液。[1]

很顯然，「同種」Sangiovese葡萄能因時因地，生出酒價最昂貴和最廉宜、形象最高貴和最親民等截然不同的義大利酒。可以是微微散發紫羅蘭芬芳、夾雜紅櫻桃鮮爽，喝起來清淡宜人、酸鮮多汁的玩意兒，也能帶著土地、皮革和菸葉香氣，嚐起來在飽滿單寧外還有潤澤豐厚。難怪Sangiovese這「最貴的草包」，能以豐富的基因，幻化出百種以上長得不盡相同的後代葡萄樹，霸占義大利超過兩百個產區，甚至比北邊以高貴著稱的Nebbiolo，都似乎多幾分「義大利式」的神韻氣質，堪稱**最具代表性的義大利釀酒品種**。

1. 編注：Sangiovese 在不同的產地名稱各異，此處提及的 Brunello，即是 Montalcino 產區對 Sangiovese 的別稱。

Toscana
Sangiovese
重點產區

Carrara

Massa

Pistoia

Montecatini

Prato

Lucca

Firenze

Chianti
DOCG

Pisa

Empoli

Greve

Livorno

San Gimignano

Chianti
Classico
DOCG

Arezzo

Siena

Vino Nobile di
Montepulciano DOCG

Montalcino

Brunello di
Montalcino
DOCG

Chianciano T.

Grosseto

Scansano

義大利紅酒代名詞
Vino ＝ Sangiovese

在義大利葡萄酒的世界，Sangiovese幾乎堪比國歌。不只傳唱於20個大區裡的17個，還占據12個DOCG、102個DOC和99個IGT產區，穩坐種植面積最廣的王座。不過，針對這種葡萄的輕視和敵意也從沒少過。比方相較於13世紀已在文獻上留名的Nebbiolo，被認為是在16世紀才來到中義Toscana大區一帶的Sangiovese，單是在留存文字證據上，就比Nebbiolo晚了好幾百年。

今日的科學證據顯示，Sangiovese其實是一種出生古老、散布廣闊、分身眾多的品種。即便有現代DNA鑑定的協助，我們對它真正的起源，所知卻仍十分有限，否則曾經一度被認為是Sangiovese父母輩的葡萄Ciliegiolo，不會才沒多久就被翻案，認為更可能是從Sangiovese演變出的子輩品種（不過科學家們至今仍眾說紛紜）。如今，科學家們大致同意這是源自義大利南部，且逐漸往中部發展的品種，所以南義的著名品種Gaglioppo、西西里以優雅著稱的Nerello Mascalese、Frappato等，都被認為是Sangiovese四處留情綿延出的後代。

就連Sangiovese的名稱由來，其傳說

故事，聽來都很像義大利常令人匪夷所思的真實。據說很久很久以前，在義大利中部Emilia Romagne大區的Monte Giove山腳下曾有路經的遊客，隨口向附近的僧侶詢問了一種酒的名字。這些僧侶——很可能具備現代行銷學概念，或單純地性喜浮誇——於是把原本他們只簡單稱作Vino（意即葡萄酒）的東西，舌燦蓮花地說成古羅馬眾神之王朱彼特的血（Sanguis Jovis），於是就有了Sangiovese。

研究改進
發明 Brunello

但是關於Sangiovese的疑問，大家最關心的應該還是：那些被總統用來招待女王的Sangiovese，和那些在小餐館裡很少讓人多看兩眼的草包酒，真是「同一種」？難道價格天差地遠的兩種酒，喝來也有近似的風味嗎？如果把這個問題拿去問一百多年前的克萊蒙特·桑迪（Clemente Santi），恐怕這位今天被譽為Brunello之父的老兄，也答不出來。

畢竟，當年他在Toscana的Montalcino小鎮「發明」出的這種名叫Brunello的酒，時至今日仍是義大利最貴葡萄酒排行榜上的常客。然而，當年身兼藥劑師、自然史作家以及熱衷農業的葡萄莊園主

的他，其實只是為了想提升自家葡萄酒的品質，才不顧當時Toscana往往混合紅、白品種一起釀酒的傳統，而試圖在一個16世紀起就以生產Moscadello甜白酒聞名的Montalcino小鎮上，罕見地只用紅葡萄來釀酒。

　　由於具備不同領域的知識，加上對提升葡萄酒品質滿懷熱情，因此相較於其他只是聽命種植生產的佃農，作為莊園主人，克萊蒙特不只會去分析葡萄園土壤的鉀含量，也有自己對收成時間的講究，甚至熱衷於替葡萄選種，還嘗試用木桶培養酒。於是，他的1865年份Brunello紅酒，於1869年為他在鄰近Montepulciano村舉辦的農業展上贏來獎牌。

　　但是，現代以陳年潛力和強健厚實風味口感聞名的Brunello紅酒，卻是要等到克萊蒙特的後人斐盧喬·畢昂帝－桑迪接手，才算正式確立。由於斐盧喬明確地希望自家紅酒能有更濃厚實的口感和更好的陳年潛力，因此他的葡萄園裡不只有Sangiovese，還特別篩選出表現最佳、最能抵禦蟲害、成熟時色澤會變得更深的品種，因此在當地被稱為Brunello的葡萄（近代的DNA檢測證明，Brunello就是和Sangiovese擁有相同DNA、外貌各異的不同生物型，然而兩者卻因為外貌不同，使Brunello在當時被認為是另一種不同於Sangiovese的品種）。加上他選用大木桶來培養紅葡萄混釀的紅酒（而沒有混合白葡

萄），在當時十分罕見，才讓Brunello的酒風大勢底定。

堅持超過百年
贏酒王盛名

之後，歷經戰亂和世紀交替，當屈指可數的其他Brunello生產者陸續從舞臺上消失，斐盧喬卻一直持續在日後成為世界遺產的小鎮上生產Brunello紅酒，尤其幸運的是，他還後繼有人。接手的家族成員譚柯雷迪（Tancredi），不只也是要求嚴格的釀酒師，還難得有獨到的商業眼光。他除了持續產酒，還對自家酒的品質有嚴格要求和強烈信心，這才讓歷經戰亂好不

容易保存下來的酒，因為他的慧眼，最終在二戰後的艱苦年代被定位為義大利價格最昂貴的葡萄酒。

於是，當1954年時任義大利總理的阿明托雷·範法尼（Amintore Fanfani）在某次於羅馬舉辦的餐會上，要求得喝家鄉產的Brunello時，當時還從未聽過Brunello的羅馬知名酒商，特別為這位Toscana出身的總理親赴佛羅倫斯，最後終於以當時頂級Chianti的六倍高價，買到這款用同一種葡萄釀成的酒。結果這款酒讓總理和一眾賓客喝得開心滿意，能陳年又美味的「名貴」紅酒，於是很快在當時的葡萄酒名利場聲名大噪。及至1969年，當譚柯雷

迪的Brunello di Montalcino Riserva 1955，登上時任義大利總統朱塞佩·薩拉蓋特（Giuseppe Saragat）宴請英國伊莉莎白女王的國宴之後，Brunello不只開始揚名國際，連生產者數目也開始增長，就連產區地位，都在制定相關法規時，和北邊以Nebbiolo釀成的Barolo齊名。

　　Brunello最為人稱道的，很大一部分是畢昂帝－桑迪（Biondi Santi）家族以幾代人奠定出的難得陳年實力。據說，這是因為譚柯雷迪除了對自家酒品質極具信心之外，也對老酒特別細心照料。比方他不只曾在1927年，替歷經戰爭、好不容易留存下來的1888和1891年Brunello Riserva進行添瓶補酒。爾後，隨著這些酒的陳年實力愈受肯定，他更在1970年請來酒評家見證酒窖中1888、1891、1925、1945等經典年份添瓶補酒的過程。這也才有了日後該廠在1994年舉辦的品飲會上，超過白歲的1888和1891年仍盡顯風華絕代的場景，也因此受到與會專家們一致推崇。

年代久遠
基因變異無限

　　但是今天，當我們已知Brunello和Chianti其實用的都是同一種品種Sangiovese時，會認為這兩種酒喝起來的風味更像同一個品種還是兩種不同的味道？我馬上聯

想起一位往往能洞悉事物本質，還有老到品酒經驗的酒友。如果你問的是他，他肯定會說：「它們不是同一種東西嗎？」

事實上，Sangiovese或許因為歷史悠久，而且被推論很可能源自野生葡萄，而被釀酒葡萄界認為有儼然蟑螂的強大適應力，很容易就隨不同生長環境做出變化，也讓同樣的基因往往能在外觀上有相當差異。這也可以解釋，過去只能從觀察葉片和果實來分辨不同品種的農夫，往往會把種在不同地區、葉片形狀和果實大小也頗有差異的Sangiovese（儘管有同種遺傳基因），都當作是不同的葡萄品種，進而生出許多不同名稱。

比方光是在Toscana這個大區裡，就有在Montalcino小鎮被稱為Brunello的品種在鄰近的Montepuliciano小鎮被稱為Prugnolo Gentile，到了更近海的Scansano更被稱為Morellino。相較於一般常見國際品種（例如Cabernet Sauvignon），可供生產者選擇種植用的葡萄Clone（無性繁殖系）可能只有十多種，但是**對Sangiovese來說，目前登記有案的已超過百種，而這還只是總數至少六百種以上的Sangiovese基因庫裡的一部分而已**。

所以儘管科學家們如今已能斬釘截鐵地宣稱「這些全都是擁有可辨認『相同』

基因的Sangiovese」，但是它們在外貌、性質上的些微差異，仍然可能為Brunello和Chianti的風味，帶來像是黃種人裡北亞和南亞人能有的膚色差異。又或者，如果把風格往往強勁結實的Brunello當作是Sangiovese之王，那麼風格可能更清麗高雅的Chianti Classico，更像是Sangiovese之后。

實際上，生產者所面臨的Sangiovese表現差異，就如同心性不定的青少年。甚至在同個葡萄園中，一棵樹和另一棵樹，都可能因為反映土壤結構的差異而有所不同，例如在富含黏土的土壤，Sangiovese就常能產出較大的果串。是以，在被劃分成不同等級類別的Brunello中，儘管有些酒確實可能和經典產區Chianti Classico一樣帶著濃濃的Sangiovese印記、很難分辨彼此，但實際上影響不同酒款類型風味的主因，似乎更多是源自氣候、土壤等風土差異，以及在調配、釀造、培養上由生產者做出的種種選擇。

可優雅、最強健
Brunello 100％熟成滋味

例如在位於Montalcino小鎮以北的Le Chiuse酒廠，莊主羅倫佐‧馬涅利（Lorenzo Magnelli）雖然年輕，但他卻不

只繼承了畢昂帝－桑迪家族的釀酒血統，還繼承了曾是同廠陳釀酒專用的頂尖葡萄園。曾在新世界產酒國歷練的他，一開口就能論述比自己大上好幾輪的Biondi-Santi 1950年代年份。他笑說：「以五〇年代來說，1955和1957都是很棒的年份，1955當然是更出名的世紀年份，但是按我喝的經驗，我甚至覺得1955表現得比1970還更年輕。」這位斐盧喬的曾曾孫，家學淵源自不在話下。

儘管相較於曾祖父譚柯雷迪的年代，Brunello的生產者數量，早就從當初的十多家到今天超過兩百家，葡萄種植面積也從當年的不到五十公頃，爆炸到今天超過兩千公頃，但是Montalcino依舊沒變。這

個在Toscana區地處中央偏南，比北部的Chianti Classico產區更偏內陸，就連景緻都更顯單調荒涼、少見蔥蔥鬱鬱的小鎮，也一直是Toscana區內最溫暖乾燥的區塊。或許當年羅倫佐的祖輩正因如此，才會嘗試僅以紅品種來釀酒。這也讓Brunello至今，仍然延續著必須是100％ Sangiovese（亦即當地所稱的Brunello）來釀造的傳統，不像在其他產區，生產者能有混合其他品種的自由。

若先不論Brunello區內的風土差異，那麼對Sangiovese這種早發芽又晚成熟的品種來說，在Toscana北部的Chianti Classico產區，因為能混合其他紅品種（但也可以是100％ Sangiovese），加上環境多丘陵、

氣候更涼爽潤澤、法規上也不特別要求長期培養，使其風格既能輕盈可喜、優雅潤澤，也可帶有更多鮮爽果香和酸度，是少女的青春活潑、也是春天的生氣盎然。

相較之下，Brunello則因為葡萄產自地形上少屏障的更炎熱乾燥地區，葡萄往往能年復一年地穩定成熟，加上法規限制**必須是100% Sangiovese**，以及對使用木桶和瓶中培養時間有更長規範，使得**酒往往有更深的酒色、更多的萃取，搭配結實濃郁的骨架、更高的酒精，還伴隨更飽滿豐厚的口感和深色水果或熟成香氣**，更像秋天的豐盛溫暖，或熟女的嬌媚濃密。

至於區內另一個常被提及的Sangiovese產區——位於Montalcino小鎮以東約四十分鐘車程的Montepulaiano，當地產的Vino Nobile di Montepulciano，除了是以在當地稱為「Prugnolo Gentile」的Sangiovese為調配主幹，除了**允許混調其他紅白品種外**，產區的氣候、地形，以及因應酒質的陳年培養規範，恰好又在Chianti Classico和Brunello之間。也因此，這種酒**比Chianti Classico略為溫暖豐潤，但比起濃郁壯盛、經過最長期陳年的Brunello又更輕柔些**。偶有橘皮風味的柔順溫暖口感，恰恰像是過渡於春、秋之間的暖暖夏季。

但是品嚐Le Chiuse的酒，我最驚艷的

卻是這些Brunello所表現出的罕見優雅細膩。羅倫佐特別提及，說曾祖父譚柯雷迪當年之所以會將本廠的葡萄選作Riserva等級的專用原料，就是因為葡萄園不只位於村北，還是北向，能為當地往往濃厚的酒體增添更多不同面向，讓最終使用單一品種的酒，仍能因為調配了不同風土，在濃縮飽滿外兼有足以陳年的豐富酸度。時至今日，園裡的每一株葡萄，都還是以當年家族所擁有、歷史最悠久葡萄園裡的樹種插枝而來，因此就連葡萄們，都保有最適應當地風土的純正基因。

收藏等級 Brunello
真味需要耐心

　　在幾種不同類型的Brunello裡，更像**用來「預視」年份樣貌、能最早飲用、價格也最平實的紅酒**Rosso di Montalcino，由於本來就是以年輕早喝為訴求，因此酒廠往往也以產量較大或是較年輕的果樹，又或者較早收成的低濃度大串果實，經過較短期培養，在收成隔年的9月上市。也因為這樣，此種酒主要著重於表現區內單純Sangiovese的品種風味，少有典型Brunello需要陳年才能發展出的特色香氣口感，除了適合日常飲用外，也是理解個別年份性格的絕佳指引。

　　至於那些真正讓收藏家們願意拿出大把鈔票耐心等候的，則往往是Brunello di Montalcino Riserva。由於法規規定至少要經過五年培養（但是個別酒廠也可以選擇培養更久，比方Le Chiuse）才上市，因此這些多半來自最老樹齡，果味、酒精、單寧都最濃縮集中的葡萄，最終也會經過漫長的木桶和瓶中培養，讓酒臻至均衡。這讓原本力道強勁的Sangiovese，最終能像是一代宗師手中的拳法，在看似綿柔下內藏不絕勁道：能在土地、菸草、皮革等各種成熟香氣背景下，依然有濃郁水果，並且在單寧結實的豐濃酒體外，仍能柔滑飽滿、均衡細膩。至於最廣為認識的Brunello di Montalcino，由於依法規需經至少四年培養才能推出，和Riserva的等級只差一年（不過，像是Le Chiuse酒廠就刻意拉大兩者的陳年差異，以區隔出不同風格），所以能按年份風格，既可能有成熟

濃厚的香氣口感，也可能兼顧飽滿單寧和陳年潛力。

　　身為Brunello發明人的後代，羅倫佐（右上圖）認為，用100％的單一品種，來反映Montalcino這塊土地，對他而言比什麼都重要。為此，他不僅採有機種植、依循部分自然動力的做法，在酒窖也盡可能不干預，就是希望能完整保存祖傳葡萄樹種的原汁原味。他認為，儘管Montalcino的葡萄園範圍在過去幾十年經大幅擴張，不過由於區內有不同海拔和土壤質地的豐富組合，因此不論在哪個區塊，只要是優異的生產者，都能找到適合的風土，做出濃厚優雅兼具的Brunello。

　　他甚至認為，如今區內的生產者們在歷經曾經的混調醜聞和風格單一化的危機後，已經更返回中庸之道，就連對Brunello該是哪種風格，都有愈來愈回歸他祖輩歷史傳統的想法。尤其近年更乾熱的極端天候，對生性極其敏感的Sangiovese來說，不只更凸顯年份差異，也對生產者構成更大挑戰。羅倫佐強調：「真正的Brunello，應該是一種需要耐心的酒，想在這種酒裡喝到優雅，就得有耐心。」這讓我回憶起曾經嚐過的Biodi-Santi Brunello di Montalcino Riserva 1977，當時酒齡約已四十，只記得深濃如茶的酒色和滿是果

乾、香料的成熟香氣層層疊疊，均衡酒質在口中婉婉流轉，豐富柔軟、滋味無窮。我不禁想像，當羅倫佐的先人用Brunello想證明葡萄的陳年潛力時，不知是否也喝過上了年紀的Chianti Classico？因為在我的記憶裡，曾嚐過的年逾四十的1970年Chianti Classico，也完全是罕見的凍齡仙女，明明已屆中年，卻仍有輕盈上揚的香氣和柔和清脆的細巧質地，優雅空靈的滿滿仙氣，讓人久久難忘。

古不古典？
草包酒非草包！

如果回顧Chianti被俗稱「草包酒」的歷史，那麼今日被稱為Chianti Classico的產區，其實早在14世紀，就已經生產當時稱為Chianti的紅酒。雖然當時的Chianti不同於今天的Chianti，在以前用Canaiolo品種混合其他許多紅白葡萄一起釀成的Chianti裡，Sangiovese還只是其中的小角色。等到16、17世紀，Sangiovese開始陸續留下各種文字紀錄，直至17世紀下半，這些「Chianti」開始不只是出口到英國的外銷精品，更成了當時英國安妮女王的最愛。

當時Chianti的廣受歡迎，讓酒出現不少仿品，也讓1716年時任Toscana統治者——梅第奇家族的柯西莫三世（Cosimo III de' Medici）——下令劃分出歷史上第一個法定葡萄酒產區，規範這些以Chianti為名的酒，必須是產自特定的最適合地區。及至19世紀中期，歐洲因為受葡萄根瘤蚜蟲病害的侵襲，造成許多品種絕滅，而原本在Chianti葡萄酒裡擔任主角的Canaiolo，偏偏又不適應當時為了防止蟲害，而必須改採用以嫁接優良品種的美國砧木，這才讓Sangiovese挑起大樑。

而儘管主政的梅第奇當局在1716年明令劃出產區範圍，但曾有高知名度且廣受歡迎的Chianti葡萄酒，仍然隨著聲名日盛，生產範圍也爆增成原有的至少十倍以上。當局最後乾脆削足適履，將原始的產區改稱「Chianti Classico」，用來區隔擴增之後更廣泛的「Chianti」。

Sangiovese雖有絕佳的環境適應力，但是要真有能彰顯出品種特色的嬌俏精微、幽深空靈，其實不易。於是，當絕大多數出現在各種小館裡的普通Chianti往往只是平淡庸碌、完全不值一提時，那些真正集合頂尖風土和生產者，還需要一些運氣才能得見的頂尖Chianti Classico，就只能以偶爾驚鴻一瞥的玲瓏精巧，給飲者帶來如親見彗星或極光般的難忘美景。

刁鑽美少女
釀酒最難關

　　在上世紀七〇年代就來到位於Chianti Clsaaico區內的酒廠Isole e Olena裡，和Sangiovese朝夕相處快五十年的莊主保羅・德馬爾基（Paolo de Marchi，左圖），儘管在很多當地人心中還是從北部Piemonte來的「外地人」，但是這位偶爾會想念家鄉宏偉山脈、也會憶起「前女友」Nebbiolo的他，如今卻是對Sangiovese這位青春美少女最放不下心。

　　我造訪的當天，正是一年一度的收成期。才早上十點，久違了的保羅卻已經藏不住疲憊神情，一開口就是：「沒辦法，這幾天太忙了，連覺都沒法好好睡。」幾乎就像是在病榻旁，衣不解帶地照顧孩子的父親。事實上，Sangiovese葡萄確實也有思春期少女那般的心性起伏，教人捉摸不定。所以即便是像保羅這樣經驗豐富的老江湖，都仍需時時警戒，不能稍有鬆懈。身為少數同時對Nebbiolo和Sangiovese都有深厚理解的頂尖生產者，保羅甚至認為，儘管Sangiovese本身有偉大的潛質，也能在Chianti Clsaaico產區表現出別處難以複製的細膩精巧、清冷空靈，但是對生產者而言，要釀出偉大的Sangiovese，卻

比釀出偉大Nebbiolo更困難許多。頂尖的Sangiovese，或許是遠比頂尖Nebbiolo更難攀登的山頂。

因為想要有好的Nebbiolo，儘管需要絕對正確的葡萄園位置，也需要在葡萄園投入龐大的時間精力，但是只要地點對了、確實投入農事，Nebbiolo就會忠實回應，給出豐碩的回報。相較之下，Sangiovese雖然看似能適應多元環境，實則**對風土有嚴苛要求，更重要的是葡萄本身的表現往往喜怒無常、敏感多變**，因此就算在葡萄園投入龐大時間精神、費盡心思完善所有農事，葡萄卻可能依然故我、令生產者無從預料。頂尖的偉大Sangiovese因此更可遇難求，在努力之外更需要好運。

保羅強調，由於Sangiovese的強大環境適應力，會讓葡萄對細微的外在變化都快速、激烈地回應。這不只讓同一個葡萄園裡的不同樹株常有各異表現，各種因經驗而累積的所謂「定見」，更是對付多變Sangiovese的思想大敵。這讓我憶起，多年前初見保羅時，他一談到葡萄園，脫口而出的正是《易經》的基礎：**唯一不變的，就是事物永遠在變**。

因此生產者除了必須時時密切觀察之外，還需要經常檢視所有累積的知識、慣用的理解，是否依然適用。比方保羅就提到，自家園中相對濕度較高的土壤，以往都並非能產出頂尖酒的材料，但他卻發現，在近年極端氣候為葡萄帶來絕大壓力

的年份，葡萄反而在這些高濕度土壤能有最佳表現。甚至連他過去幾十年來最被稱道的選種工作，都面臨必須重新檢驗、甚至推翻過去廣受好評成果的下場。因為當環境一旦不同於以往，那些過去被認為不適用、不夠優秀的種苗，或許反而更能在當下環境異軍突起，成為今後生存競爭中的勝利者。這也是為什麼本廠的選種工作，至今仍是現在進行式。

多酸多單寧
天生不均衡

儘管按Chianti Clsaaico第的產區法規，只限制Sangiovese在調配中必須占八成以上，但是身為早在上世紀七〇年代就在區內以100％ Sangiovese釀酒的開創者，保羅對Sangiovese，到底該像Brunello那樣做100％單一品種酒，或遵循Chianti Classico傳統中可混調其他品種，也在多年實作後累積出他的觀點。

當我忍不住抱怨，過去在義大利酒展Vinitaly上嚐到Chianti Clsaaico Gran Selezione 2016，其中許多酒都有令人生畏的突出單寧時，他卻只是笑笑：「因為Sangiovese本身就多酸多單寧，是個天生就不均衡的品種」。特別是近年極端氣候帶

來惡劣影響，若生產者又未能及時理解葡萄需求時，尤其容易造成單寧無法完熟、或口感可能失衡的兩難，也是近年讓區內許多生產者頭痛的挑戰。因此在他來看，歷史上Chianti Classico採用混合不同品種釀造的傳統，或許正是今後酒款想在愈發嚴苛的氣候挑戰下勝出的美感關鍵。

在傳統的調配夥伴裡，保羅認為曾經是Chianti Classico的主幹，既能優雅濃縮、又有柔順單寧的Canaiolo品種，就是能為酒增添整體優雅和均衡的Sangiovese靈魂伴侶。至於曾在19世紀後半，在日後鐵血宰相貝堤諾·里卡索立（Bettino

Ricasoli）確立的「Chianti」配方中也占有一席的白葡萄品種，雖然曾在上個世紀因為會讓酒過於清淡而被產區法規剔除，但是在今天的環境下，保羅也認為，如果能視年份狀況選擇添加白葡萄，或許是在極端氣候下挽救酒體均衡的良方之一。

因此不論是使用單一或調配品種、採取或早或晚的收成時間、或長或短的釀造萃取、甚至回推到剪枝整枝的方式等，在Isole e Olena，保羅都以如何盡可能讓Sangiovese達到自身均衡為考量，依每年情況不同做決定。他舉例，過去的問題往往是葡萄不易成熟，因此需要盡可能幫助葡

萄完全成熟；反觀現今的考驗是葡萄可能
過熟，甚至不能除葉（讓新葉繼續成長反
而能耗掉葡萄更多精力），也是避免果實
過熟而影響整體均衡的解方。但是，這樣
的認知卻和過去已知事實完全背道而馳。

　　而過程中每個環節的改變，又都會造
成連鎖效應。**就像父母儘管盡可能讓孩子
吃飽吃好，但卻無法控制孩子能依所需去
長高長壯**，所以儘管生產者對葡萄也有明
確的糖分、單寧成熟度等衡量指標，但在
每年變幻莫測的自然條件下，到底葡萄
會如何反應，仍需生產者細細觀察後做
出適切調整。這也才讓這位業界公認的
Sangiovese宗師，至今仍謙虛地打趣，笑說
自己對Sangiovese仍是「一無所知」。

知識 & 想像
傳統就是創新

　　也許因為出身傳統的貴族家庭，保羅
不僅是頂尖的葡萄酒生產者，還以多年經
驗完備出自己的葡萄酒哲學體系，儼然是
位思想家。很多人認為「保持傳統就該
是堅持不變」，他卻認為，從「傳統」
（tradition）和「貿易」（trade）的相同
拉丁文字根不難看出，真正的傳統，其
實應該涵蓋「交換」（transport）和「傳
遞」（delivery）的意思。因此，儘管歷史

難改，但傳統並不代表堅守舊習，而是該順應當下時刻更新，才能在舊有基礎上持續創新。他也認為，今天的生產者必須理解這點，才可能做出能真正展現「本源」或「來處」的Sangiovese。

他甚至有一套金字塔理論，用來檢視、反思什麼是好酒，以及該如何應對生產者面臨的諸多挑戰和問題。照他的理論，現代的某些葡萄酒，**在過度反應「生產者」理念下其實很難真正展現「風土」**，很多酒甚至換了釀酒師就面目全非、風格大變，也並非他所追求的能展現「來處」的理想葡萄酒。而「來處」的根源除了風土，或許也包括葡萄品種的基因，以及作出諸多選擇的人。比方葡萄的基因就取決於人的選擇，因此他也坦承，**或許未來連選種工作，都該以更中立而非絕對的態度**，盡可能保持多樣性，才能在面對更多不確定性時，保有應對的手段。

保羅還強調，特別在近年，要讓本身就多酸多單寧的Sangiovese達到優雅和均衡，往往在人和風土外，比以往更需要理想的天候。於是，在堪稱理想的2013年份，保羅的Isole e Olena Gran Selezion 2013也以Sangiovese和國際品種的調配，出乎意料地達到無懈可擊的均衡。這款Sangiovese占了九成的酒，雖然同時還有Cabernet Sauvignon、Syrah等國際品種，卻結結實實地有著Sangiovese的濃艷鮮明，不只絲毫沒讓國際品種搶戲，反而罕見地讓國際品種在整體的優雅、醇美外，增添了景深和複雜。而正是這種無法預期、意料之外的偶發性完美，讓我對偶得的Sangiovese頂尖表現，難以忘懷。

渾然天成
做酒就像煮湯

然而，面對同一種刁鑽難搞的葡萄品種，卻也有人用截然不同的自然放任態度，呵護出狀似隨興的細緻深厚。

前往Montenidoli酒廠的路途，是我喝遍義大利旅途中少見的陡峭崎嶇，顛簸不已。當時恰好碰上午後滂沱大雨，坐在當地人車裡的我試著不去想：若是按原計畫跟著腳騎出租機車上山，怕是可能永遠也到不了San Gimignano這個以高塔聞名的中世紀小鎮。

這家位在遊人如織的San Gimignano附近的酒廠，擁有整塊海拔在兩百至五百米間的山坡葡萄園。除了生產和小鎮同名的白酒：Vernaccia di San Gimignano（以Vernaccia葡萄名加鎮名而得），也有不同風格的Sangiovese紅酒，以及用古老Chianti

骨幹Canaiolo品種釀成的粉紅酒。儘管葡萄園的位置並不屬於歷史悠久、公認是Sangiovese最理想產地的Chianti Classico範圍，但是以頂尖酒質聞名的女莊主伊莉莎白·法久洛（Elisabetta Fagiulo，左圖），對此顯然全不在意。

對五歲就跟著祖母開啟人生釀酒初體驗的伊莉莎白來說，不管她做的是遠在13世紀末就廣受皇室貴族喜愛、曾被詩人但丁歌頌、連米開朗基羅都曾記下一筆的Vernaccia，還是Sangiovese或Canaiolo，不同的葡萄品種並沒有太大的不同。因為**「每一種品種都有它自己的真實，」**她接著說道：「你要做的，只是去找到並發現它。」所以對她來說，她不只沒有最喜歡的葡萄品種，也從不認為哪個品種更好做或更難做。

尋道之旅
用心傾聽

至於該怎麼去找到屬於不同葡萄的真實呢？「你必須先去照顧它、傾聽它，**要忘我地像個小孩那樣放下成見，然後才可能試著去理解它們需要什麼。」**於是，從1971年，酒廠像是從野地裡採野果那樣的第一次收成，到近五十年後的今天，她依舊認為：「如果你能去理解每個品種的本

質，或許就都能成就些什麼，即便是普遍不被看重的品種。」也許這正是為什麼Montenidoli的各類酒款，不論是性格強烈、有偉大潛質的Sangiovese，或很少被看重、常被視為庸碌的Vernaccia、甚至連很少被單獨裝瓶的Canaiolo，最終都在伊莉莎白手上展現出絕佳均衡和複雜，不只彰顯了「本源」，還是公認的頂尖作品。

當然她也說，要成就偉大的葡萄酒，讓酒能兼具優雅、複雜和細膩，並不容易。她甚至坦承，在酒窖裡往往願意承擔風險的她也曾犯錯，例如可能在酒窖裡誤解了某些酒、沒能及時提供更多氧氣等。但即便如此，她以有機農業搭配少干預釀法製成的葡萄酒，仍能某種程度自我修復，而她也會時刻反省，永遠在修正錯誤

的同時甘冒風險。「人生本來就充滿風險，」她爽朗地笑說，「重點是要拋開自己的成見，這樣你才是屬於可以真正學習的狀態，否則學不到東西。」

或許這是為什麼，雖然伊莉莎白從不做綠色採收，只在收成前約兩週去除多餘的葉子，但是在她的葡萄園裡，維持的卻是近三千年前的古代伊特魯里亞文明（Etruscan civilization）的農耕傳統——不只讓葡萄樹和樹木共生，還仔細去理解園內屬於Toscana罕見的古老土壤結構，最終將Sangiovese種在高海拔的坡頂，把白品種Vernaccia散布在充滿貝殼的海洋沉積石灰岩。最終，這些多種植於上世紀六、七〇年代的老樹，不只依不同的土壤結構和表現被施以不同的釀造，還搭配單一或混調

等因材施教的作法凸顯出風格，也才成就品種在他處罕見的豐富表現。

　　比方以當地傳統連皮發酵法製成的Tradizionale白酒，就和經木桶發酵和培養的Carato，呈現出Vernaccia白酒的截然不同趣味。前者能有清爽明亮的酒質，搭配豐富礦物感和杏仁餅般柔和香氣，後者卻有豐厚飽滿的黃色水果和蜂蜜，在深厚複雜的同時又難得地有酸度保持輕盈。就連不易表現出複雜度的Sangiovese，酒廠都以大瓶裝的Triassico，讓長在高海拔古老紅色土壤上的Sangiovese，並存著罕見的細緻和深厚，這使我最終在品酒筆記上對本廠

的一眾酒款，只能毫無抵抗地寫下心目中的最高讚美：「純粹就是好喝。」

　　經過漫長的尋覓，近幾年所嚐到受極端氣候影響的Sangiovese，確實改變了過去我對品種的理解；就像終於一起經歷長途旅行，才發現多年友人性格中不為人知的一面。但是，在見識過幾位頂尖的Sangiovese生產者，以及他們同中有異、又或者殊途同歸的生產釀造哲學後我更確信：儘管風評不一、質疑不絕，但Sangiovese絕對是一種能夠「偉大」的葡萄品種。**只不過它的偉大，除了更稀有罕見之外，也可能以更平凡的方式出現，乃至**

於讓人渾然不覺。

　　就像對很多義大利人來說，最好的料
理，永遠是自家媽媽親手做的愛心料理。
這些往往依著家族傳統，但又被代代相
傳、持續添加不同生命力的「家傳」口
味，讓同區域的同一道經典菜色，也都
總能演繹出形形色色的大同小異。就像
幾乎遍及全義大利的Sangiovese，既可以
是100％，也能兼容本地或外來的不同品
種、在各地被打造成千萬樣貌，但最終仍
有不容錯認的鮮明性格。

　　也許讓Sangiovese偉大的，正是這幾分

純正「義大利」氣韻。最具代表性的義大
利釀酒品種，也以義大利式偶一為之的偉
大，讓有緣得見的人嘖嘖稱奇。

05／ 最亮的光
最深的影
Ribolla Gialla麗寶拉吉亞拉

從地圖上看，這個產區長得頗奇怪。幾乎就像把手持化妝鏡，有大大的鏡面，連著一段和本體大小不成比例的細瘦長柄。巧的是，此大區確實有個拖著長柄的拗口地名：Friuli-Venezia Giulia（以下簡稱FVG）。把早在羅馬時代就是重要農業中心的Friuli、和歷史上曾屬於哈布斯堡王朝的沿海區域Venezia Giulia，兩個曾經分分合合、各屬其主的不同區塊硬是連成一氣。因此，當地的通用語言除了義大利語，還有所謂的Friuli方言，以及少數民族用的斯洛維尼亞語；就連釀酒用的葡萄品種，到這兒都發揮出罕見的雙語才能，展現出截然不同的一體兩面。

於是在當地，你可能會喝到色澤淺淡，微微散出白花、柑橘皮和杏仁糖甘甜清芳，嚐起來輕巧靈動，還在幽微花果芬芳外隱約帶著礦物和鹹味，不知不覺就能喝完一瓶的東西。另外一種，則是色澤濃艷鮮明的橙黃色酒液，隨晃動飄散出濃濃的杏桃和橘醬芬芳，入口有飽滿結構、鮮爽果實，均衡多酸、濃卻不膩，同樣讓人欲罷不能。

然而，這分別呈淡綠和濃黃酒色、口感一清淺一濃郁、乍看之下對比鮮明的兩種白酒，就像外貌特徵截然不同的雌雄孔雀，用的都是當地特有的白葡萄品種：Ribolla Gialla（以下簡稱Ribolla）。而產出風格如此兩極的生產者，在物理上卻只相距二十多公里；儘管相隔三十分鐘車程，他們在葡萄酒上取得的共識，除了都認可Ribolla作為釀酒葡萄的超凡能耐以外，大概就是……他們都用了Antonio Carraro牌的昂貴拖拉機。

Friuli-Venezia Giulia
Ribolla Gialla
重點產區

Friuli Colli
Orientali DOC

Pordenion

Udine

Collio DOC

Gorizia

Trieste

山坡老樹放光
淡雅葡萄真味

　　I Clivi和Radikon，都是義大利東北部FVG大區的著名酒廠。在這個葡萄酒生產歷史超過兩千年的區域，儘管只依靠Friuli Colli Orientali（以下簡稱FCO）和Collio兩個小產區，就讓FVG榮登義大利最佳白酒產地。實際上，本區不只還有選擇豐富的優質紅酒，就連在史冊上留名的頂尖甜白酒都出自於此。但是，過去幾百年裡的分分合合，使得相隔不遠的**兩家生產者坐擁截然不同的歷史文化背景，這讓他們對同一種葡萄，也生出天差地遠的想法和分歧，從而走出Ribolla在葡萄酒地圖上的兩條平行線。**

　　2019年春天，I Clivi酒廠外環繞酒莊建築的葡萄園裡春陽暖暖，露臺上鎮日有涼風徐徐。身形精瘦高挑的少莊主馬利歐·扎努索（Mario Zanusso），戴著斯文的金屬框眼鏡，語調不疾不徐，與其說是農夫，他看來更像位愛好戶外運動的大學教授。這家因為坐落在FCO山丘上才得名的酒廠，由馬利歐和父親在上世紀九〇年代一起打造。大學念經濟、待過投資銀行，最終卻在葡萄園的體力活裡找到內心平靜的他，因為對歷史和閱讀的興趣，而

對Ribolla這個義大利正當紅的白酒品種也有獨到見地。

在馬利歐（左圖）看來，天生有好酸度的Ribolla，用來做討人喜歡的氣泡酒再適合不過。於是他將風味淡雅的Ribolla做成清新可喜、帶有優雅白色水果芬芳、質地柔和迷人的氣泡酒。至於他的Ribolla白酒，則是為了要讓以有機方式種植在山坡葡萄園的Ribolla，盡可能維持本身纖細的風味。因此，除了使用不除梗的整串葡萄、不添加酵母外，也只以鋼槽進行六個月的酒渣培養，且完全不用橡木桶，希望保留住葡萄極簡純淨的本色。最終，他的這款淡雅芬芳，常帶著柑橘和白花，甚至偶有草本植物氣息的酸度細緻Ribolla，近年也廣獲市場肯定。

馬利歐透過歷史文獻發現，原來在當地曾有的一百五十多種釀酒葡萄裡，Ribolla不但是少數挺過根瘤蚜蟲病害的倖存者，甚至在過去葡萄價格僅取決於含糖量的古早年代，Ribolla就因為汁液不只甜熟還能酸爽、多汁又解渴，美味到足以用作食用葡萄，而曾廣受歡迎。但即便如此，就在十多年前，Ribolla在FCO產區內，都還一度只剩下約五十公頃的種植面積，差點就走上瀕危的命運。

明星陣容　極簡禪風

　　事實上，在以白酒聞名的FVG，Ribolla一直和Friulano（舊稱Tocai Friulano，自2008年後舊名已被禁用於酒標和酒款[1]）並列區內最受歡迎、最具代表性的白酒品種，就連在當地各種以白品種混釀的酒中，這兩者也往往占有重要地位。作為同時也以蒸餾的Grappa（渣釀白蘭地）聞名的FVG，當地人的好酒量就算放眼全義大利也都赫赫有名。所以對很多當地人來說，餐廳或小酒館裡那些沒名字的「白酒」，都該是Ribolla或Friulano，甚至以他們的標準來說，不管是兩者中的哪

一種，這些往往「清清如水」的玩意兒根本就算不上酒。

　　不過近年的DNA檢測已經確認，Friulano其實和法國的Sauvignonasse（或稱Sauvignon Vert）同源。反觀Ribolla才可能是源自本區、在義大利的種植也僅限於Collio和FCO的「在地」品種，甚至還可能是在歷史上享有盛名、曾經讓威尼斯貴族和奧地利皇室都讚不絕口的白酒用品種。

　　對於在此二處都各有老樹葡萄園，同時也釀造Friulano、Verduzzo（維杜莎）、Malvasia等區內其他白品種的馬利歐來

1. 編注：該名與匈牙利Tokaj產區的貴腐酒撞名，且在歐盟與擁有匈牙利酒莊的法國集團爭奪Tocaj／Tokaj之名時輸掉官司，故遭禁用。

說，從自家分屬兩個產區、兩塊不同葡萄園的同一品種中，不難看出FCO和Collio這兩個小產區的微妙差異。由於兩者在土壤結構上都屬於混合泥灰土和砂岩的石灰質土壤，加上和緩的丘陵地形也沒有帶來顯著的高度差異，唯獨更乾燥或更潮濕等微氣候差異，帶來風格上的不同。因此，馬利歐也特別只以鋼槽來進行Ribolla的釀造，就是希望能讓品種特色以素顏的方式清晰展現。

馬利歐指出，在當地傳統使用的白品種中，他的老樹Malvasia，往往能在最濃郁芬馥的香氣外還維持優雅多酸；老樹Friulano能帶來類似Sauvignon Blanc的草本風味和礦物感；風味獨特的Verduzzo，因為結構扎實、單寧豐富，而有「簡直紅酒品種」之稱。至於Ribolla，則是以清新酸度和淡雅風味，堪稱**最禪風的品種**，因此他也堅信：「Ribolla應該是一種減法品種」。對於區內部分生產者近年因為Ribolla愈受歡迎，而試圖透過選種等方式讓Ribolla變得香氣更強、擁有更多酒精的做法，他則顯得興趣缺缺。對他來說，在溫暖又有充分日照的最佳產區，用最自然純淨的方式，努力保住生性清幽淡雅

的Ribolla每一分原汁原味，才是Ribolla之道。

國可改俗可易
Ribolla不能少

但是對幾十公里外的Radikon酒廠來說，Ribolla可就是截然不同的故事了。

如今在Radikon酒廠當家的沙沙‧雷迪肯（Saša Radikon），動作迅速敏捷、身形魁梧強健，只憑外表判斷很難聯想到他是義大利人，反而可能會被認做是東歐出身。事實上，從酒廠所在的Oslavia村到義大利和斯洛維尼亞（Slovenia）國界，甚至不到十分鐘車程。就連村子所在的Gorizia省，儘管如今屬於義大利Collio產區，但當地的語言、歷史、文化，幾百年來卻受斯拉夫民族和奧匈帝國影響，就連沙沙和母親溝通時用的「母語」，都是不折不扣的斯洛維尼亞語。

這片如今平靜祥和，只聽見蟲鳥齊鳴，放眼望去盡是葡萄園盎然綠意的美麗Gorizia山丘，卻在上世紀的兩次大戰期間，一會兒是義大利、一會兒又被劃成南斯拉夫。特殊的地理位置，甚至讓這些寧靜的小村鎮有段時間淪為殺戮戰場，難以想像今日幽靜開闊的山谷裡，竟曾有數以

樣，不只轉眼間成了義大利人，還必須移風易俗、改名換姓、甚至學用不同語言。或許正因如此，在二戰期間成為戰俘的祖父艾多（Edoardo）才會對牢牢扎根在自家葡萄園裡的Ribolla特別堅持。沙沙回憶，當初祖父對在上世紀七〇年代回來繼承家業的父親史坦可（Stanko）開出的唯一條件就是：「我什麼都可以給你，你想種什麼葡萄都行，但是絕不能沒有Ribolla。」

雷迪肯家族對Ribolla的執念，或許源於那是早在沙沙曾祖父一輩就在自家葡萄園選擇種下的唯一品種。當然，也可能因為同一品種，其實就是在國界的另一邊、被稱為Rebula的斯洛維尼亞葡萄（儘管近年的DNA檢測證實，兩者雖然是同一種葡萄，但也確實存在部分基因變異）。就連十多年前當Ribolla在FCO一帶因為種植面積大減而瀕危之際，Gorizia山丘這邊的生產者們，卻都記得家中長輩的教誨：「最終只有Ribolla才能提供生活所需，所以絕不能沒有它。」Ribolla因此不只沒被國際品種取代，甚至一直驕傲地占據當地位置最好的坡頂葡萄園。

百萬計的屍體堆積成河。即便只是安分守己的葡萄農，都可能在一夜之間，面臨幾步之遙的自家葡萄園，成了必須跨越守衛和邊境才能到達的遙遠他方。更別提住在同一棟房屋裡的三代人，很可能只是因時代變遷，就讓祖父這一代的義大利人，到了父輩成了南斯拉夫人，更在第三代成為斯洛維尼亞人。而這些如今聽來顯得超寫實的種種，對許多當地人來說，都不是冰冷的歷史，而是父輩、祖輩們都還記憶猶新的人世無常。

沙沙（上圖）一家也不例外，他們也和當時生活在邊境的許多斯洛維尼亞人一

橘色歷史　新中有古

今日，Radikon那些讓果汁和果皮經

更長時間浸泡，因此色澤更濃郁、香氣更芬馥、入口也遠比一般白酒更厚實飽滿，還在本世紀被用「橘酒」來稱呼的新型態Ribolla，獨特的風格卻可能得追溯到更久遠的過去。

　　原來早在19世紀，當時的Radikon屬於奧匈帝國的這片區域，就一直有**讓葡萄和果皮一起浸泡較長時間的製酒法**，因為在釀酒科技尚不發達的當時，這種方法其實既能替酒增添風味，也能有效延長酒的壽命，帶來實質助益。因此當時的釀酒書籍就有記載，這些酒的泡皮時間可以從幾天到一個月。甚至如果按照古代希臘羅馬人一脈相傳的釀酒技術，過去絕大多數的葡萄酒，因為都是不分紅白品種地混種混釀，因此兩者在釀造上，也不像現代有去皮和連皮發酵的區隔。

　　因此儘管在上世紀七〇年代，FVG就已經有生產者開始敏銳地因應當時人們對酒款講究「純淨」的潮流（那恰好也是自來水和沖水馬桶快速進入當地的年代），用不銹鋼槽釀成現代化的風味純淨白酒，進而大受市場歡迎，甚至因此打造出本區白酒的盛名。但是就在隔著邊境的許多斯洛維尼亞村鎮中，讓白葡萄連皮發酵的做法卻一直持續到上世紀的八〇年代，直到更多新式釀酒設備陸續引進，這種作法才

逐漸式微。因此，對像Radikon這樣生活在邊境的生產者而言，經長期泡皮釀成的白酒，或許才是他們潛意識裡魂牽夢縈的葡萄酒真味。

沙沙就回憶，記憶中祖父在做的酒，概念上其實應該很接近今天的橘酒（只不過彼時還沒有這個名詞）。他的父親史坦可，在上世紀八〇年代採取有機種植，並在九〇年代中偶然靈光一閃，思考為何Ribolla的酒似乎不像在葡萄園生食葡萄那樣，帶有許多讓人著迷的風味和香氣。在那之後，史坦可居然開始嘗試沙沙祖父五十年前的做法——讓Ribolla連皮一起發酵一星期。結果，這些經過長時間泡皮釀成的Ribolla，不只令史坦可為之震撼、驚艷，更讓他從1995年起持續實驗。最終，他不只在1997年推出第一個橘酒年份上市，更持續研究改進，試圖找出最理想的泡皮時間，並將自家白酒全部改用此種釀法，與同時期採取類似作法的另一位當地生產者若斯科·格拉夫納（Josko Gravner），被一起奉為**當代橘酒宗師**。

風土有人味　光影都美味

對沙沙來說，Ribolla到今天都還是父親口中「難討好的任性女人」，不只在義大利文裡得用女性冠詞「La」來稱呼，而且喜怒無常。另一方面，她卻又可以多汁甜美、好吃到像食用葡萄，稍微多咬幾下

就能感覺皮中單寧豐富，還因為多籽、厚皮，以前常會卡在老式的垂直榨汁機裡。即便是在Oslavia公認堪比「特級園」的頂尖風土條件，Radikon那些種在土壤最貧瘠的山坡頂、能享受最充分日照（而非只是高溫）的Ribolla，都是所有白品種中最晚收成的，偶爾甚至會比紅品種的Merlot更晚，還常需要等到十月中，才能有理想的熟度。

沙沙認為，對很多其他品種來說，Collio的風土可能帶來相當大的侷限，但是Ribolla，卻是少數最適應當地環境的佼佼者。加上他的要求嚴格，儘管山坡葡萄園已經給Ribolla帶來大量的日照，但是為了嚴格控制產量，在Radikon的葡萄園裡

甚至往往必須在結果前先去掉近一半的葡萄，才能得到符合要求的風味飽滿果實。最終，以去梗果串釀成的Ribolla，不只會在沒有溫控的大橡木槽發酵，還會在發酵完成後經數月的酒渣培養，以及數年的酒槽和瓶中培養，才會養成Radikon的飽滿複雜。

對沙沙而言，這些最終能在多年後，以濃郁的澄黃色澤、帶著杏桃和橘醬濃香、結構扎實又均衡多酸的Ribolla，才是在家族數代人守護之下，最能展現Collio風土的Ribolla真味。對他來說，曾經品嚐過的逾二十歲Ribolla，依然在足夠酸度和單寧的支撐下保有明豔動人的光彩，這也讓他堅信橘酒的連皮釀造法才更能展現

Ribolla的品種特性。如今，區內許多和沙沙一樣、在鄰近斯洛維尼亞國界以橘酒聞名的釀酒家族，也都來自斯洛維尼亞。

對於近年的橘酒流行，也有批評者認為它反映的更屬於生產者所選擇的釀酒「技術」，實際上卻可能減損了品種特色和「風土」。他們指出，橘酒這種特色類型更屬於文化象徵，甚至有人挑剔道：「生食Ribolla，其實根本不會吃到像橘酒那樣多層複雜的風味」，還有人建議說：「單寧含量更高的Verduzzo，或許才是比Ribolla更適合做成橘酒的當地品種。」

然而對我來說，橘酒是否反映「風土」的答案，似乎更為肯定。因為在所謂的風土裡，自然環境之外本就涵蓋許多「人」的因素。就像看似雲淡風清的Ribolla那兩種宛如光和影的表現，沒出現在他處，卻恰恰是在文化交融、風俗碰撞的本地，或許就是例子。兩種互為光、影的截然不同Ribolla詮釋，除了凸顯義大利能在相距不到半小時車程的距離裡，能有多衝突、有趣、令人難以想像之外，對於或清淡或濃郁的美味Ribolla，我可是一概來者不拒。

王者之酒與
農夫的故事

Nebbiolo內比歐露

2019年初春的某個凌晨，在一個居民只有七百多、四周被阿爾卑斯山包圍的小山村裡，本該靜謐的夜半時分，我卻聽到男人們響亮的歌聲忽遠忽近。這裡是Barolo，米蘭西南約兩個多小時車程、屬於義大利西北角Piemonte大區的一個小鎮。義大利用Nebbiolo葡萄產的酒在此被視為經典，酒遂以村為名，也叫Barolo。這種酒因為曾經大受國王喜愛，也有頂尖酒質和陳年潛力，而贏來「酒中之王，王者之酒」的稱號，在近百餘年享譽國際。只是，釀成「王者之酒」的Nebbiolo，在我看來其實是個關於農夫的故事⋯⋯

Piemonte
Nebbiolo
重點產區

Boca DOC

Colline Novaresi DOC

Coste della Sesia DOC

Carema DOC

Ghemme DOCG

Lessona DOC

Bramaterra DOC

Fara DOC

Gattinara DOCG

Torino

Asti

Alessandria

Barolo DOCG

Barbaresco DOCG

Langhe DOC

Cuneo

國王之酒，有啥了不起？

　　原來，以歌聲迎接春分凌晨，是當地或許遠在Barolo成名前就有的農耕傳統。而地方上就有這麼位農夫，姑且稱他老羅吧！老羅——弗拉維歐・羅德洛（Flavio Roddolo）的磚造農舍，就孤伶伶地立在能產Barolo的共十一個村莊中，名為Monforte d'Alba的某個山脊上。一開門，室內就能盡覽無遺……正中央一張用來品酒的木製長桌，桌上有個用木塊做成「義肢」的斷腿酒杯，定出主人的位置。沿著壁爐往裡，有張用來辦公的桌子，直面清一色掛有裱框媒體好評的牆面，和桌面上擺放得層層疊疊、井然有序的文件一起，隨著不時閃爍的燈光忽暗忽明。另一側開

有窗戶的牆邊，搭著張與肩同寬的小邊桌，上面齊整地置有紙筆，還有一座灰色轉盤式撥號電話。如果不是牆上的月曆寫著2019，這極盡簡樸、毫無長物的陳設，幾乎會讓人懷疑是回到了上世紀的七○、六○，甚至是五○年代。

　　年逾七旬的老羅，就生在那年代。對打從十二歲起就在自家農園幫忙幹活兒的老羅來說，在那個年代，不管什麼Nebbiolo葡萄、還是冠上生產村莊名稱的「Barolo」紅酒，都沒啥了不起。不只在村子以外的世界沒人關注，就連他們自己，都不覺得這些東西有什麼特別。想當年，那可是連想嚐點鹹味，都要靠鹽漬鱈魚才能攢出點鹽的時代。當時農村裡普遍

喜歡生女兒更勝兒子（因為農家出身的男孩要準備一大筆錢才可能娶妻），多數的農園裡除了葡萄，還長著榛果、蘋果或梨子，甚至穀物。因此，即便在種類眾多的釀酒葡萄裡，晚熟、皮厚、多酸、又有高單寧的Nebbiolo，都沒有甜熟豐美、至少還能兼做食用葡萄的Dolcetto來得討喜。更別提以當時的風格、技術釀成的Nebbiolo葡萄酒，年輕時可是又酸又澀，既不如多汁可口的Barbera討喜、也不像甜美豐盈的Dolcetto那樣廣受歡迎。所以即便今天Nebbiolo的身價和名氣，早有了一百八十度的轉變，但在老羅（上圖）眼裡，這葡萄仍然沒啥稀奇，甚至在種植和釀造上，都不比Dolcetto來得考驗技藝。

Barolo
好喝靠農人，出名靠貴人

　　事實上，Nebbiolo這種葡萄，在義大利西北部、擁有同樣氣候型態的阿爾卑斯山脈一帶浪蕩已久，但是數百年來，除了偶爾留下的亮點，這古老的葡萄卻並未因獨特的個性，擁有今日巨星般的風采。1268年，今天我們所知的Nebbiolo已經以Nibiol之名，在Torino附近的Rivoli小鎮留下白紙黑字的種植紀錄。到了1330年，Asti產區的歷史也留下過頗負盛名的Nebbiolo紀錄。及至16世紀，據說當時連西班牙國王都對產自Piemonte北部的Nebbiolo大為讚賞。教皇保羅三世的葡萄酒管家聖蘭切里歐（Sante Lancerio）還曾

有書信證明，當時的Nebbiolo已經被認定品質優異，甚至是「王子和領主的絕佳飲品」。到了1606年，Torino宮廷裡有葡萄酒行家把Nebbiolo稱作「紅葡萄之后」，Nebbiolo釀成的無氣泡甜紅酒更曾在17世紀的宮廷裡蔚為風尚。

只是，被認為很可能源自山區的Nebbiolo，似乎也傳承山區居民保守多疑、謹慎堅毅的習性。就像很多一輩子都不曾離開過出生村鎮的當地人那樣，Nebbiolo也在近千年的時間裡，害羞、封閉地從沒離家太遠。雖然在義大利西北部山區，Nebbiolo還是在不同區域各有名稱，比方在Piemonte北部的Novara一帶被稱為Spanna，到了鄰近瑞士和法國的Valle d'Aosta大區被稱為Picotener或

Picotendro，甚至在隔壁的Lombardia大區被叫作Chiavennasca……但是不管用哪個名字，Nebbiolo的活動區域依舊只在阿爾卑斯山附近，不像義大利另一個代表品種Sangiovese，一晃就是半個義大利。

直至1787年，當時最著名的葡萄酒愛好者──日後的美國總統湯瑪士‧傑佛遜（Thomas Jefferson）──在義大利考察時途經Torino喝到的「Nebiule」當時對Nebbiolo的稱呼）都還是「甜如Madeira、澀若波爾多、清爽似香檳」，甚至在成為美國總統後還嚐過一款「棒極了」的Nebbiolo氣泡酒。但這位近代著名的葡萄酒品味大師，卻仍未提及今天我們所熟知的，**既不甜、也沒有氣泡的酒中之王Barolo**。

今日普遍被認為是最偉大紅酒品種之一的Nebbiolo，以及包括Barolo在內、各種Nebbiolo酒款的尊貴地位，其實該歸功於19世紀義大利北方的權貴份子。在晃蕩幾百年後，Nebbiolo終於在19世紀中期，等來改變命運的天時、地利和「貴」人。當時，主導義大利統一的加富爾伯爵（Camillo Benso di Cavour），也是時任Piemonte首相，他雇用皮耶·斯塔列諾（Pier Staglieno）和法國人路易·悟達（Louis Oudart）改良釀酒方法和風格，讓過去在當地往往因天候而難以完全發酵的Nebbiolo，逐漸變成今天我們所知「能將糖分完全發酵」的不甜紅酒。而隨著這種釀造技術逐漸在當地貴族的酒窖間傳開，所謂的「現代Barolo」才在1850年代打開歷史新篇。這種**酒質穩定、口感強勁不甜、還能長期陳年**的紅酒，於

是成了國王卡洛·阿爾貝托（King Carlo Alberto）垂涎的美釀，甚至在Falleto（法萊托）女侯爵的堅持下冠上生產村莊名稱「Barolo」，最終更成為國王、首相和一眾貴族都愛喝的酒，就連國王在自家莊園都搶著做。

有了國王、首相，甚至後續義大利第二任總統路易吉·伊諾第（Luigi Einauldi）等貴族名流身兼生產者和消費者，加上Barolo還恰好「出身」在義大利經濟實力最雄厚的Piemonte，這才讓這種當地名酒維持「**酒中之王，王者之酒**」的義大利酒王地位，至今不墜。

地段定生死 懶人不宜

然而，動輒被冠上「偉大、最能展

現風上、陳年潛力絕佳、香氣口感複雜迷人」的Nebbiolo，不論是有酒王之稱的Barolo，還是被譽為酒后的Barbaresco，除了名酒們難以高攀的酒價之外，到底有什麼魅力？對絕大多數愛好者來說，Nebbiolo在頂尖產區和生產者手上所能展現的強勁飽滿口感、多酸多單寧酒體，從莓果、玫瑰到菸草、焦油等複雜多變的香氣，甚至從高冷清幽到磅礴壯盛等不同地塊的豐富變化，都是賣點。但在我看來，Nebbiolo之所以讓愛好者沉迷，或許是品種既能柔細如絲、也能堅若磐石，有美女和野獸同居的衝突和懸疑。

沒錯，Nebbiolo既能有青春少女般的清新素雅、純真可愛，也能有出柙猛虎般的張牙舞爪、勁道十足。於是，不確定瓶中液體到底會是野獸或美女、正屬於從野獸到美女的哪個階段，又或者野獸會在開瓶多久後幻化成美女，成了愛酒人心心念念想解開的終極謎題。雖然對種植者和生產者來說，他們眼中所看到的Nebbiolo真實，似乎更明確實際。

比方十幾歲就開始混葡萄園的寡言農夫老羅，一提到讓Nebbiolo成功的關鍵，就毫不猶豫地以儼然不動產經紀人的口吻：「**地點、地點，還是地點。**」老羅認為，晚熟的Nebbiolo在秋季多霧的當地，最重要的就是要種在正確的地塊上，「如果地塊不對，乾脆別種」他說。但實際上，近年Nebbiolo的高價和盛名，卻讓當地許多過去被認為並不適合Nebbiolo的地塊上（甚至連種番茄都不恰當），全種滿了Nebbiolo。

當然，近年的氣候變遷，也為過去認為需要經長期陳年才適飲的Nebbiolo酒風，帶來不少改變。身為傳統名廠Giuseppe Rinaldi家族的新生代瑪莎・裡納迪（Martha Rinaldi，右圖）就指出，像2014這樣充滿挑戰的年份，正是能區隔Nebbiolo是否種在正確地塊的例子。她也認為，Nebbiolo不只是少數可以因陳年而變得更好的品種之一，還有其他品種遠不能及的香氣和口感。「Nebbiolo可能不是最容易被大眾接受的品種，因為要理解Nebbiolo，你需要至少十或十五年。」當我看著眼前的八〇後女生，侃侃而談曾和父親一起品嚐的1947年Barolo是如何讓人印象深刻時，不禁猜想她口中，用來「理解Nebbiolo」的十或十五年，該是酒的歲數還是人的酒齡。

另一方面，對從小生長在酒鄉Toscana，如今卻在Piemonte北部掌管家族酒廠Proprietà Sperino、家學淵源的路卡・德馬基（Luca De Marchi）則認為，Nebbiolo不僅對環境挑剔至極，還有更可怕的問題：**一旦疏於照顧，就很容易全無收成**。這種決絕的天性，迫使農人必須投入大量心力，並且還得在漫長的生長期中按時完成各種繁瑣的農事，不能稍有懈怠。他爽朗地打趣：「這是一個絕對不適合懶人的品種」。

酒后 Barbaresco
有名也賣不掉

　　另一方面，在距離「酒王」Barolo村不到半小時車程，還有個Barbaresco村，生產同樣以村為名的Nebbiolo「酒后」。這兩個因為風格相對強勁和柔美，而往往被譽為一王一后、甚至常被稱為「雙B」的頂尖Nebbiolo產區，在今天看來距離或許不遠，但在19世紀末，兩者卻是「有皇室貴族」對比「只有專家和農夫當靠山」的天壤之別。

　　事實上，一直以來Barbaresco和Barolo周圍的其他許多村鎮一樣，也將村裡產的Nebbiolo葡萄賣到Barolo村，默默地是酒王的一份子。但是隨著「酒王」聲名日盛、愈來愈多劣質酒魚目混珠，不只Barolo有了劃定生產區域的想法，當時主掌阿爾巴釀酒學院（Scuola enologica di Alba）的校長多米齊奧‧卡瓦薩（Domizio Cavazza），也在1894年聚集Barbaresco村的農民，創設了釀酒合作社。當年這位種植和釀造專家清楚地知道，種在Barbaresco的Nebbiolo，雖然因為風土和微氣候差異而有不同於Barolo的表現，但在品質上卻毫不遜色，因此他們決定也把這個用了同種葡萄做的酒標示村名Barbaresco，這才有了日後的Nebbiolo「酒后」，而他也被後世譽為「Barbaresco之父」。

　　多米齊奧當初創建的合作社，儘管後

來曾因戰亂而在1958年重建，但今日仍有同年出生的「瓦先生」阿爾多·瓦卡（Aldo Vacca，右上圖）承襲當年參與創社的曾祖父的精神，持續領導這家區內最著名的葡萄酒合作社──Produttori del Barbaresco。溫文儒雅、操著一口流利英語，還喜歡莫札特的瓦先生，儘管看起來更像位學者，但是從他口中說出的，其實是鎮上幾十個農夫家庭，數十年來共同譜成的Nebbiolo「酒后」故事。

1958年生的瓦先生，至今還記得十來歲在葡萄園幫忙收成時的情景。對孩提時代的他來說，晚熟的Nebbiolo葡萄雖然不受大人青睞，但是對孩子而言，卻是比可以邊收邊吃的Dolcetto、更難找到果串的Barbera，都更容易收成的好玩品種。在二戰後一貧如洗的小山村，彼時的Barbaresco農民們，也和Barolo附近的老羅家一樣，因為得靠一方農地養家，因此更看重酒更好賣、更能創造現金流的Barbera和Dolcetto。幸好當釀酒合作社再次掛起招牌時，並不要求農民們放棄能帶來現金收入的葡萄，而只是收購當年根本乏人問津的Nebbiolo。儘管手上只有一張沒人想要的牌，但是合作社卻從未放棄，反而孤注一擲地想靠著提升品質改變局面。終於，在合作社及區內獨立生產者如Gaja等幾十年的共同努力下，Barbaresco從曾經的冷灶，一改成為如今的金山。

又奇又怪、又酸又澀
葡萄酒聖母峰

即便是最熱情的葡萄酒愛好者，如果有機會在上世紀六〇、七〇年代喝到剛釀好的年輕Nebbiolo，恐怕也不會喜歡這種酒（所以當時Barbera和Dolcetto才會更受歡迎）。**畢竟當時的Nebbiolo就像當地的山村居民，並不是一種初識就熱情奔放、容易被理解的葡萄酒。**有生產者就指出，Nebbiolo不像Cabernet或Merlot那樣只是某個「品種」，更像是一種心理狀態。比方對喝慣法國波爾多的人來說，Nebbiolo就很可能只是奇特又怪異的存在。**明明酒色不深，卻能有絕佳陳年潛力；明明有紅酒最令人抗拒的高酸和高單寧，卻又能有從草莓到菸草、從玫瑰到松露的複雜香氣。**愛好者甚至把Nebbiolo比成葡萄酒中的聖母峰，因為它極困難也絕美，不只需要學習，還需要兼有耐心和時間才能體會。這是為什麼過去在當地，餐廳的酒單上往往只有成熟的老年份Nebbiolo，因為如果酒還不夠成熟適飲，就會被當成是沒煮熟的食物──根本不該出現在客人桌上。

瓦先生心知肚明：Nebbiolo在過往從當地人不想喝、外地人沒聽過的沒沒無

聞，歷經八〇、九〇年代的全球葡萄酒熱潮，並且憑藉當地農民的鮮明性格、在釀造風格上的衝突對立，一躍成為全球葡萄酒媒體焦點，接著以1990等「世紀年份」迎來全球矚目之後，一切就都不同了。雙B產區的鄉村美景，如今躍居世界文化遺產，曾經乏人問津的Nebbiolo，也成功地抓住新興消費者湧入的浪頭，甚至在歷經種植和釀造的風格轉變、迎來愈趨嚴苛的氣候挑戰後，連過去被視為理所當然的Nebbiolo「定律」，都似乎隨著新世紀的到來而被改寫。

例如過去大家之所以把並列為雙B的Barolo稱作「酒王」、Barbaresco喚作「酒后」，主要是因為**Nebbiolo對種植環境極為敏感**，因此能鮮明反映所在位置的風土差異。即便是近在咫尺、距離只有約三公里的兩個產區，儘管葡萄園的海拔可能相近、土壤結構也大同小異（均屬於沉積石灰岩），但是產區範圍更小的Barbaresco卻因為更近Tanaro河而有更溫暖的氣候，讓葡萄往往可以更早、更均一地成熟。因此，儘管Barbaresco酒體可能不若Barolo那般雄勁豐厚，卻往往在單寧飽滿的同時，能更早推出、更早熟易飲、風格也更圓潤豐滿，讓

Barbaresco相較於依法需要經更長期培養、風格更強健厚實的「酒王」Barolo，有了「酒后」的稱號。

同中存異
是王是后喝不出

但是實際上，就連對Barbaresco瞭若指掌、單獨裝瓶九款單一葡萄園的瓦先生都坦承，**想要透過盲品來區分酒王和酒后，幾乎是不可能**。因為不論是Barolo或Barbaresco，影響酒款的主要差異，都更取決於不同的葡萄園。在這些就像是由無數大小、高度都參差不齊的好時之吻巧克力（Hershey's Kisses）群聚而成的綿延丘陵間，不同葡萄園會因為土壤結構、座向和微氣候等差異，加上不同生產者的風格偏

好，形成難以數計的微妙分別，**很難以更大範圍的村鎮或產區來區別**。

例如在Barbaresco產區所涵蓋的幾個村子裡，即便能把Barbaresco村的酒風比作均衡完整、把Neive村說成是結構更強勁、把受到更多北方氣候影響的Treiso村形容為更多酸細膩（偶爾甚至緊繃），但同村內仍有許多性格不同的葡萄園。比方光是在Barbaresco村裡，就都能區隔出單寧緊緻、力道強勁、可能被喻為「男性」的Montestefano園，和更圓潤豐厚、可能被視為「女性」的Rabajà園。

而在範圍更廣的Barolo產區共十一個村莊裡，也有如La Morra這般風格偏輕巧、柔美的「女性」村莊，和因更具結構、需要更長時間成熟而常被視為「男

性」風格的Serralunga。甚至即便在風格偏「女性」的La Morra村，總數多達三十九個的特定葡萄園，仍然能區隔出名氣響亮的Brunate園，因為有更高比例的黏土和更溫暖微氣候，而生出比木村往往柔美優雅以外的厚實勁道。更別提除了這些性格各異的葡萄園，還有數量眾多的風格各異生產者。也正因如此，對風土差異極度敏感的Nebbiolo，才能在區內以**變化多端的香氣、兼容並蓄的口感，以及由不同土壤氣候組成的豐富變化**，為愛好者帶來無窮刺激，讓人著迷。

但是瓦先生的語氣裡也藏著憂慮。他坦承，當地在上世紀的八○、九○年代為了提升品質所進行的選種計畫，成功篩選出顏色更深、產量更小的Nebbiolo來種

植，以符合當時所要求的更高品質。但是這些能有更深色澤和糖分的Nebbiolo，當面臨新世紀愈漸頻發的溫暖年份時，卻可能讓過去入門者望之卻步的冰山美人，一轉成為他們一試就愛的熱情女郎。過去需要經長期陳年後才容易欣賞到的豐濃雄偉，也可能在環境變遷後，有更濃果實、更甜熟單寧、更高酒精，甚至年紀輕輕已經鮮醇易飲。

反倒是曾在上世紀末引起區內許多生產者父子失和、兄弟分家的所謂傳統和新派的釀造差異，如今反因氣候改變、葡萄樹愈發高齡，而幾乎不再有分別。比方自本世紀以來，年輕就適飲的奔放早熟年份就愈來愈多，2007尤其是明顯的例子。這些本世紀以來的新世代酒王酒后，不只不

需要像過去那樣存上幾十年才能真正綻放，甚至可能最好在十至十五年內喝掉，免得青春或許不再。

　　瓦先生也還記得，曾經，當地絕大多數的Nebbiolo，都是混調不同葡萄園的果實釀成，直到**上世紀八〇年代，單一葡萄園裝瓶逐漸興起**。儘管單一葡萄園裝瓶能讓不同葡萄園的特定風土更容易辨識，但也失去了用混調葡萄園來調節年份影響和增添複雜度的可能性。曾經，當地的葡萄園也有過乏人問津、想買地可以先使用再付款的年代，而今，當全球對雙B酒款需求呈爆炸性增長，葡萄園面積和酒的產量都同步暴增之後，葡萄園的價格也開始出現過去難以想像的數百萬歐元天價。我問瓦先生，希不希望自己的兒子有一天也能繼承家業，他只笑著說，從沒想過這個問題。但是在Piemonte北部，不同於過去幾代生命中或許沒有其他選擇的農夫，Sperino酒廠的路卡反倒放棄其他諸多可能，主動成為酒農。因為他希望傳承的歷史、想再次擦亮的招牌，或許正是古老Nebbiolo品種的將來。

更北更高冷　回到未來

　　掌管Sperino酒廠的路卡（右上圖），和在鎮上報社當記者的太太，住在距離

Barbaresco村以北約九十分鐘車程的小產區Lessona，一棟房頂上標有竣工年份1883的磚造小屋裡。Lessona和鄰近幾個規模都不大的Piemonte北部產區，被統稱為Alto Piemonte（即上皮耶蒙特，相對於位在Piemonte南部的Barolo和Barbaresco）。自本世紀以來，隨著極端氣候影響愈劇，此處也愈發受到全球Nebbiolo愛好者的矚目，被認為可能是品種的未來。**實際上，Alto Piemonte才是Nebbiolo的過去**。

就以Sperino酒廠為例，在成為路卡家族的產業前，酒廠裝瓶的最後一個年份其實是1904年。在Alto Piemonte被稱為Spanna的Nebbiolo，不只早在14世紀就曾留下傑出的產酒紀錄，16世紀時已有按葡萄園優劣來分別課稅的稅務紀錄和分級，甚至比19世紀才出現的現代Barolo，更是早幾百年就被視為是Piemonte、甚至是義大利最有名的葡萄酒，坐享高價和盛名。例如在幾個小產區中最出名的Gattinara，就是歷史上曾在16世紀被介紹給西班牙國王的名酒，而在1861年慶祝義大利統一的飲宴上，乾杯時據說喝的就是Lessona。

然而，這些曾在南邊的Barolo以及Barbaresco問世前就已盡享盛名的Alto Piemonte酒，卻在歷史洪流中發生諸多憾事：先是因關稅調高而流失市場，接著遭

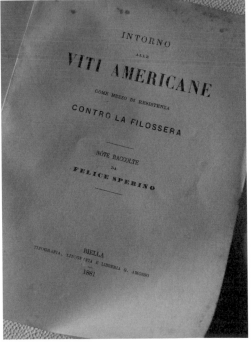

逢惡劣天候、根瘤蚜蟲病害，隨後又有戰爭和產業變遷，最後終於讓農夫們紛紛拋下難以維生的葡萄園，轉到鄰近的城市和工廠。於是，整個Alto Piemonte的葡萄園面積，也從百餘年前的四萬公頃，到今天只剩下不到過去的2％，就連Lessona產區曾在19世紀有過的約八百公頃葡萄園，都在本世紀初只剩下二點五公頃。雖然和路卡二十多年前剛到本地時相比，如今種植面積已增長到近三十公頃，不過眼前這塊他正打算重建的某個山坡葡萄園，乍看就是一片略顯雜亂的林地。

路卡解釋，買下葡萄園後必須先獲得當局許可，才能除掉在荒廢葡萄園上蔓生

出的林木，然後進一步將園地整頓恢復成原本的梯田，接著才能在曾經的良田上，重種一片新的葡萄園。但是為什麼要大費周章、耗費鉅額的金錢時間，去修復一塊今日的荒林、曾經的葡萄良田？原來，出身於德馬爾基（de Marchi）貴族家庭的路卡，雖然從小在Toscana看著父親（掌管Isole e Olena酒廠的保羅，詳見Chapter 4）的背影長大，但他卻自願接下家業成為酒農，甚至對動輒必須以年為單位去重建歷史葡萄園的苦差事，都樂在其中。

「為什麼？」任何人肯定都想問。「我大學念的是中世紀文學和拉丁文，對我來說，這裡的一切就像是失傳的語言那

樣教人著迷。」路卡熱切的眼神裡充滿光亮，「這裡曾經有過那麼好的酒，但是卻失傳了，所以我想去理解前人們曾經做過的事，也想在理解之後，或許試著做出我的詮釋。」的確，當路卡帶我到正在裝修、但卻隨處能看出曾經富麗典雅的城堡建築時，在城堡的圖書室裡，歷史上歷屆莊主所留下的共一百五十個年份就歷歷在目、唾手可得。那些詳細載有關於收成時間、淋汁次數等各種細節的收成紀錄，讓只是旁觀的我，都似乎感覺到「傳承歷史、恢復昔日榮光」並非空泛的形容詞，而是真真切切，看得見、摸得著，甚至像路卡住的小屋那樣，是能身處其中的日常。

北方七美
Nebbiolo 布根地

事實上，Alto Piemonte曾經的榮光與或許輝煌的未來，其實都得歸功於更久遠的過去。因為在Lessona這緊鄰阿爾卑斯的區域，除了有比南部雙B產區更涼爽的氣候、更少降雨，還有更明顯的日夜溫差。最重要的是，遠古的火山爆發和地質活動，讓當地許多範圍極小的產區，能在小範圍內擁有複雜的土壤結構和多元的海拔高度。這些富含岩石和礦物質的偏酸性土壤，再搭配不同的氣候條件和不同比例的混調品種，架構出比100％Nebbiolo釀成的雙B更清新細緻、明亮優雅、芬芳多彩的

Nebbiolo情態。從這個角度看，**如果把南部的雙B比成Nebbiolo中的波爾多，那麼Alto Piemonte，就會是Nebbiolo裡的布根地。**

例如同屬DOCG等級、分列在河兩岸的雙G產區——Gattinara和Ghemme，就是允許在當地稱為Spanna的Nebbiolo，可以不混調其他品種（但也允許混調）單獨成立的小產區。兩者中在歷史上更有名的Gattinara，因為土壤中有富含鐵的火山岩、花崗岩等，因此往往有絕佳的成熟度造就豐厚堅實的結構，在明亮酸度的襯托下，甚至常被用來和南邊的酒王Barolo相提並論，特別是一些經過更長培養期的Riserva等級酒。相較之下，Ghemme不只

在土壤構成部分含有更多沉積岩和黏土，屬於更年輕的冰河土壤，同時也有略為涼爽的微氣候，讓酒往往能有更柔和、優雅的風味展現，或許更接近多數人心目中的酒后印象。

至於在Alto Piemonte位居邊陲的產區，雖然是DOC等級，但也允許Nebbiolo不混調其他品種單獨成立，加上主要為不含鈣的古代海沙土壤與富含礦物質的海底化石，因此更常展現出Nebbiolo潤澤優雅、細膩柔美的一面，以紅色漿果或花香類的輕柔香氣，搭配鮮爽酸度和細巧口感，就像是名酒一族裡的小公主。

在同屬DOC等級的產區中，還有分

列在河兩岸、Nebbiolo按法規必須混合其他品種的「北部雙B」產區：分別是位置最北、海拔偏高的Boca以及Bramaterra。兩區的土壤結構基本上都是混有斑岩、凝灰岩的火山熔岩，除了富含矽和鐵之外，甚至能找到石英結晶。產區北緣的Boca，也歷經葡萄園面積從19世紀的四千多公頃到今日只剩下十來公頃、幾乎滅絕的命運，如今卻是Alto Piemonte最受矚目的產區之一。曾為火山頂的Boca在歷經遠古爆發後，留下今日混有火山、冰磧、沖積土，由石灰岩混合砂質和黏土的結構。除了上壤酸度偏高以外，多樣化的葡萄園海拔，也讓本區的酒可以有冷硬單寧和鮮明酸度，搭配明顯的礦物感，展現如山般的清透嶙峋。相較之下，面積有Boca三倍大、曾是海洋的Bramaterra，七壤結構則更複雜地混有砂質、黏土和石灰岩，也富含鐵質，搭配高海拔葡萄園帶來的日夜溫差，不只讓區內酒款風貌更多樣，也可能在細緻酒體和酸度外，帶有礦物和鹹味，甚至表現出如海般的柔和廣闊。

　　然而，**這些Alto Piemonte產區以Nebbiolo為主體的調配酒，在不同產區之間的風貌差異，也可能來自混調的不同品種和比例。**例如在Boca，法規只限制Nebbiolo必須在七至九成不等，而調配中的其他品種可以是比例不等的Uva Rara或

Vespolina。但是在Bramaterra，Nebbiolo的比例則可以從五到八成不等，搭配其餘比例不等的Croatina、Uva Rara或Vespolina。即便是在Nebbiolo可以單獨成立的產區，生產者也仍有混合一至一成五其他品種的彈性空間。

義式紊亂　有理有趣

最有趣的是，在這些Nebbiolo的調配夥伴中，每個又似乎各有屬於自己的「義大利式矛盾」。首先是**號稱能替酒增色、添香，帶來花香和獨特胡椒風味的Vespolina**。這個在基因上被認為是Nebbiolo後代的品種，是某些酒評家口中義大利最好的原生品種之一，但在某些生

產者眼裡，卻由於往往**爆量的生青單寧**，或許不一定適合單獨裝瓶。

理論上，這個身世顯赫，早熟、色深、多酸又多單寧的品種或許真有潛能無限，然而以我所品嚐到的數量有限單一裝瓶酒，似乎更驗證了生產者對酒中常見青澀單寧的疑慮。至於早在9世紀已經落腳當地，也被稱為Bonarda或Bonarda Novarese、意為「罕見葡萄」的Uva Rara，因為果串往往結實鬆散，偌大的果串上可能沒幾顆葡萄而因此得名。**量大又晚熟的Uva Rara**，據稱是當地人聖誕節餐桌上常見的鮮果，儘管因為缺乏力道和結構而被看輕，但卻**有可愛香氣和迷人水果風味，搭配輕盈小巧的鮮爽口感**，在我看來，倒

是單獨成立都能清爽可愛的日常餐酒。

　　至於爭議最多的Croatina，則更像一部荒誕的義大利喜歌劇。**真正的Croatina可以晚收又抗病，還能帶來濃郁酒色和甜潤果感，唯單寧可能稍顯粗糙。**不過，很多人的「Croatina」，或許不一定是真正的Croatina，就連生產者如路卡，都曾因自家葡萄園要新種Croatina，吃了不知多少苦頭。

　　由於Croatina在其他產區，會因為製成的酒叫Bonarda而常造成誤會；也就是說，許多過去被帶到南美的Bonarda，其實根本是Croatina。至於在Alto Piemonte，Croatina甚至還被稱為Nebbiolo！沒錯，就是用來釀Barolo的Nebbiolo（所以當地人都稱真正的Nebbiolo為Spanna或Nebbiolo di Gattinara，顯然也是一種兵來將擋的策略）。所以，真正的Croatina會被誤稱為Bonarda或Nebbiolo、真正的Bonarda指的其實是Uva Rara，而真正的Nebbiolo則被稱為Spanna。我還記得當路卡詳述這一切時，我笑得前俯後仰，簡直樂壞了！光憑這一點，我就對義大利葡萄酒無法自拔。

　　路卡倒是很合理地推估，這種行之有年的誤稱，或許也源自部分種苗業者的小心機。因為Croatina的種苗遠比Nebbiolo更容易培養，所以對種苗業者來說，如果能「貍貓換太子」把Croatina都當成Nebbiolo出售，想必荷包也能更滋潤。有趣的是，生產者都心知肚明所以將計就

計。不過根據路卡的經驗，即便是他很信任的正派經營種苗業者，要搞清楚彼此的意思，確認送來的到底是哪種葡萄種苗，仍然需要極大的耐心。他舉自己的例子，當他和種苗業者表示自己需要Uva Rara時，對方還會反問：「你要的是Bonarda Piemontese（皮蒙波納達）嗎？」（但這其實是Croatina），急得他只能在電話的另一頭大喊：「No，No，No……我要的是Bonarda Novarese！」

博物館級剪枝
藏 Nebbiolo 未來

幸好對生產者來說，只要搞定容易混

淆的各種別名，抗黴且少受春霜影響的Croatina，似乎就沒太多麻煩。而在本區最北的Boca產區，Castello di Conti酒莊的艾蓮娜（Elena，右圖）則是帶我造訪了一處足以登上葡萄種植歷史博物館的特色剪枝。那是塊至今仍保有當地稱為馬玖林納剪枝（Maggiorina）的傳統葡萄園，不只在當地屬於數量極稀少的「瀕危」景觀，更是我生平僅見。

所謂的馬玖林納剪枝，往往以三或四株葡萄樹枝幹，伸展圍成一個直徑兩三百公分以上、向上展開成開闊杯型。繼承家業的艾蓮娜表示，這種需要數年才能架構成的剪枝方式，是因應當地多雨多風氣候所形成的古老傳統，**不只能防風、提供葡**

萄串更多通風空間，也有助於葡萄在這些
日夜溫差極大的北限產區，達到理想的成
熟度。只是這種傳統的剪枝方式，倘若葡
萄園一旦荒廢，就需要和成型等量的時間
才能逐漸復原。有鑑於這類農園的所有農
事都只能仰賴人工、又需要投入大量時間
成本，因此這些採用馬玖林納剪枝葡萄園
也在區內葡萄種植面積人減後，成為益發
罕見的「博物館級」藏品。艾蓮娜甚至觀
察到，在這些古老的葡萄園內，儘管可能
混種有不同品種，但彼此之間的成熟度，
卻往往能像「往來密切的青春少女們」的
生理時鐘那般，意外相近，足見大自然的
奇妙力量。

在這些曾代表Nebbiolo榮光，或許也

將是Nebbiolo未來的Alto Piemonte產區，不
管是獨挑大樑，或是多品種調配，我都看
到Nebbiolo在區內多元土壤結構和相對涼
爽氣候下，呈現出比傳統Barolo、巴巴雷
斯科更輕盈多樣的新世紀風貌。這裡既有
Nebbiolo最輕柔空靈、纖柔可愛的一面，
也並存有結構宏大、氣勢磅礡的表現，難
怪近年連南部傳統雙B產區的頂尖生產者
如Giacomo Conterno酒莊，都積極搶進。
唯獨在葡萄園景觀上，Alto Piemonte相對
平緩的山坡與夾雜林木的丘陵，使得這些
不一定有阿爾卑斯山當背景的「農園」，
可能在網美程度上，不盡符合遊客們對
「義式美景」的想像。這讓我想到就在西
邊不遠處，還有一個同樣以Nebbiolo聞名

的小產區Carema……

好萊塢級製作
搖曳在峭壁的詩

　　如果說Piemonte南部雙B產區綿延起
伏、優美如畫的葡萄園風景，是大自然在
學生時期精心準備的畢業製作，那麼緊鄰
阿爾卑斯山、隱伏在陡峭的峽谷，讓人驚
心動魄、難以忘懷的Carema葡萄園景觀，
絕對是**大自然晉身好萊塢之後耗費巨資的
超級大作。**

　　首度造訪Carema時的光景，至今我還
依稀記得。伴著陰雨綿綿的天氣，當葡萄

園在霧氣繚繞下以儼然神廟的姿態於岩壁
間現身時，任誰都要心生虔敬。那些狹窄
的梯田葡萄園，沿著海拔四、五百米的陡
峭山壁邊緣而建，低矮的花崗岩石壁圍出
的梯田，還砌有連排石柱撐起一個個葡萄
棚架。葡萄樹枝葉沿著棚架和石柱向外伸
展，遠看就像條由石柱撐起的葡萄長龍，
在背景的峽谷間沿山壁蜿蜒一圈又一圈。

　　這裡雖然仍屬Piemonte北部，但卻更
靠近法國、緊鄰Valle d'Aosta大區，在地理
和地質上都屬於奧斯塔山谷。這些幾千年
前軍事道路上的戰略要地，在羅馬人開闢
梯田鼓勵移居後，於奧古斯都時代便留有
葡萄園的紀錄。爾後也有紀錄顯示，當時

被以地名「Ivrea」稱呼的Carema葡萄酒，
已經被認定為品質優異。

　　幾千年後，當地險峻的地勢依舊，但
是聳立在峭壁上、完全只能以人工操作
農事的Carema葡萄園，卻和Piemonte北部
其他產區一樣，歷經時代變遷而逐漸凋
零。從上世紀五〇年代就在當地裝瓶產
酒的Ferrando酒廠，其成員羅伯·費蘭多
（Roberto Ferrando，右圖）就指出，在本
世紀的極端氣候出現以前，當地的種植挑
戰往往是葡萄無法成熟，甚至連酒都可能
冷到無法發酵。也因此，當地才有**用石柱
支撐棚架的種植方式，讓葡萄不只能抵禦
嚴寒天候和強風，還能在春天享有更多日
照、在冬天不被雪埋。**

　　不過，儘管Carema的種植面積在1967
年成立DOC時，還有今日的約兩倍，但
是當最困難的高坡和陡坡梯田陸續被遺棄
後，如今的種植面積仍只有不到二十公
頃。就連持續釀酒的生產者，都只有唯二
的Ferrando和一家名為Cantina dei Produttori
Nebbiolo di Carema的合作社，以及近幾
年才冒出頭的幾家微型生產者。但是從
Carema的酒裡，卻絲毫感覺不出在當地被
稱作Picotendro或Picotener的Nebbiolo有如
此困境，反而只讓人感覺潤澤、歡快，如
詩般輕盈、如水般靈動的那一面。

Carema不只有遠比南邊的Barolo和Barbaresco更涼爽的氣候，就連主要由岩石構成的石灰岩黏土，都有別於南邊雙B產區的泥灰岩或砂岩。Ferrando的羅伯認為，這裡的Nebbiolo可能沒有南邊雙B產區的濃縮感和強勁單寧，卻**往往在表現出更多礦物質和酸度的同時，保有Nebbiolo一貫的頂尖陳年潛力**，比方他自己最近才品嚐的1964年自家酒，就依然芳香堅挺。

對我來說，Carema這些用100%Nebbiolo（雖然法規允許調配至多一成五其他品種）釀成的酒，往往更柔情似水、溫柔婉約，或許比起酒王Barolo，還更神似酒后Barbaresco。但是當真正有機會品嚐這些葡萄酒世界裡的瀕危物種時，除了從酒杯傳出的陣陣溫柔細緻、複雜多變的香氣之外，更教人感動的，或許是由Carema農民和環境共構成的Carema本身。有人把在Carema種葡萄製酒這種艱難無比的工作，比擬為「英雄般」的舉動，我卻以為，當地農民仰賴的，或許更是一種近乎宗教信仰的虔敬之心。

最終，Barolo村的老羅還是在我腦中揮之不去。今天的Barolo和老羅年輕時的Barolo已有許多不同，不只受極端氣候影響的天氣熱到被某些生產者調侃「簡直是非洲」，過去二十年內Barolo的年產量也從六百萬增加到一千四百萬瓶，甚至還能具備以往罕見的高酒精，能更早適飲。但老羅依舊是老羅，他還是沒有假期、也沒有子嗣，只是埋首在農園和酒窖。記得在訪談中，當我不停追問他的釀造方式時，他只是滿意地嘴角微揚，當我大讚他的Barbera品種，他才終於露出可能是訪談間唯一欣慰和滿意的微笑。記得他曾說：「做酒讓我很滿足，但也占據了我的全部。」我不禁想像，如果沒有無數像老羅這樣獻出全部的農夫，懶人不宜的Nebbiolo不會是酒中之王，不會是今天的樣子。

07 / 身障兒 vs. 模範生
Dolcetto多切托 & Barbera巴貝拉

在義大利北部，以生產「義大利酒王」Barolo聞名的
Piemonte大區，據說流傳著這麼一個笑話……
當地的神父會做這樣的餐前禱告：「提到種葡萄和釀
酒，那可是需要人去做大量的工作。Barbera是如此、
Dolcetto更不用說，但是關於Nebbiolo，感謝上帝，這
是一個只需要感謝上帝的品種。」

Piemonte
Dolcetto & Barbera
重點產區

Torino

Barbera del
Monferrato
DOC

Barbera del Monferrato
Superiore DOCG

Asti

Alessandria

Niza DOCG

Barbera d'Alba
DOC

Cuneo

Dogliani DOCG

Dolcetto 生而為「難」

　　只要是Langhe[1]的酒農，對Dolcetto品種幾乎都有抱怨。有人嫌它難種、有人怨它難釀，還有人挑剔它敏感到連收成都得整串用手托著，否則熟透的果粒一不小心就滿地散。這也難怪，有人會覺得釀Nebbiolo是享受，釀Dolcetto則會教人發瘋。

　　過去當地的生產者，甚至往往用Dolcetto的品質來評斷一家酒廠的好壞，因為他們都知道——**如果連Barbera都釀不好，代表這釀酒人該換工作；但是即便能做出好的Barolo，也不一定能做出好的Dolcetto**。就連Barolo名廠都坦承，在當地的深色品種裡，就屬Dolcetto最教人心煩。偏偏在公認是Dolcetto最佳產區的Dogliani，以風格獨特的Dolcetto聞名的San Fereolo酒廠，女主人妮可·波卡（Nicoletta Bocca）卻一反常態地獨鍾Dolcetto。在和這些品種朝夕相處近三十年後，她總結道：「其實關於Dolcetto，我喜歡的和討厭的是同一點，那就是——生為Dolcetto，實在太難！」

　　怎麼會這樣呢？這品種不正是因為葡萄嚐起來總香甜少酸、連生吃都有堪比

1. 泛指酒王 Barolo 和酒后 Barbaresco 所在的 Piemonte 南部。

食用葡萄的美味（多數釀酒葡萄都做不到），才被冠上「小甜甜」名號[2]的嗎？難道這種喝起來往往豐腴多汁、柔潤可愛，少有生硬單寧，還總帶著藍莓、黑莓甜香，能讓八歲小兒到八十歲老嫗都一喝就愛的Dolcetto，其實是在甜美表象下，藏著鮮為人知的坎坷命運？

酒好先要風水好
葡萄品種界身障兒

　　身為Piemonte南部分布最廣的品種之一，Dolcetto卻在有歷史證據的幾百年裡，也像家鄉的其他同類，只沿著亞平寧山脈散布在相當侷限的範圍裡。儘管確切的來歷和出身至今成謎，但是在以Dolcetto聞名的Dogliani，其四百多年前的市政檔案上，已經明確留有1593年8月頒布的關於Dolcetto收成時間的法令。根據這項規定，違法提早採收的葡萄將會被沒收。然而，在當地常見的紅酒品種裡，比起柔和多酸的Barbera、釀Barolo和Barbaresco用的Nebbiolo，Dolcetto已經是最早收的了。

　　顯然，農民們迫不及待地想比早收更早收，而當局也試圖以法規拴住迫切的渴求。**Dolcetto不只相對早熟，還能迅速釀**

2. Dolcetto 的義文字義。

成很快就銷售一空的熱賣好酒，這種味美香甜、還能迅速產生現金流的特性，理所當然大受農民歡迎。

隨著Nebbiolo的名氣在上世紀七〇、八〇年代後扶搖直上，價格也開始變得遠高於Barbera和Dolcetto。過去往往被種在Nebbiolo難以成熟的地塊、幾乎像是被用來「填空」的Dolcetto，也因為Nebbiolo愈發受歡迎、在愈溫暖的氣候下幾乎無處不熟以後，逐漸被Nebbiolo占據了生活場域。當「感謝上帝」就能成就搖錢樹，需要悉心照料還不一定能帶來微薄收入的，自然落得沒人在乎。曾經也嚐過萬人迷滋味的Dolcetto，於是開始一步步邁向瀕危物種。

然而，從任何角度看，瀕危或許才是Dolcetto該有的宿命，因為只要還有其他選擇，正常人實在沒理由去種Dolcetto。相較於只要種對地方、在不懈怠地按時施作大量相應農事之下就能頭好壯壯的Nebbiolo，Dolcetto簡直就是那種需要時刻加倍呵護（還不見得能平安長大）的身障兒。

曾有農學家研究指出，**Dolcetto是當地品種中，需要耗費最多工時來進行相關農事的品種。**相較於Nebbiolo，每公頃Dolcetto至少需要多耗費幾十小時的工

時，才能完成一應農事。在春天發芽時，Dolcetto有脆弱易斷而非強健的芽眼；到了枝條生長時，Dolcetto會長成難理頭緒的成群結團，不像Nebbiolo總是有條理地垂直向上、易於修剪。區內其他紅酒品種，不管是Barbera、Nebbiolo甚至Freisa，都是枝、葉、果串長得井水不犯河水：既有易於修整的清楚分隔，也足夠強健能應對多變的環境。唯獨Dolcetto嬌氣十足，既容易長成一團亂、又對環境極其挑剔敏感──要去除過多枝葉、又仍須留有遮蔽免得曬傷；要有足以成熟的光和熱、過熱和過濕卻也萬萬不可。

妮可就認為，生命力並不特別強的

Dolcetto，因此得特別注重「風水」，喜歡前山後水、清爽又不會太冷的空氣。因為Dolcetto不只枝幹生得細瘦，就連臨近收成期，都還對天候十分敏感。太濕易爛、太熟會散、過度的日夜溫差更可能讓葡萄藤斷，突如其來的寒流也可能使生長停滯、無法再玩。即便進了酒廠，Dolcetto都還是相當難搞：發酵溫度太高、泡皮太久、怠於換桶，都能給最終的酒帶來各種各樣的問題。難怪比起動輒讓生產者抓狂的Dolcetto，做好就幾乎完事的Barbera或Nebbiolo，會讓人忍不住「感謝上帝」。

反常的人生
No Pain, No Gain

冥冥之中就像是被Dolcetto選中的妮可，也給自己選了一條反常的人生路。

她的San Fereolo酒廠，孤伶伶地聳立在Dogliani海拔約四百米、時有涼風襲來的山脊。這裡不像Barolo、Barbaresco的山坡那樣和緩錯落，在遠處積著殘雪的阿爾卑斯映照下，廣闊的高坡更多了幾分孤寂蒼茫。事實上，涵蓋二十一個村莊、能有三百種以上土壤和微氣候組成的Dogliani DOCG產區，正是因為海拔相對偏高、大候更涼爽，使得過去Nebbiolo在此地幾乎很難成熟，這才給了Dolcetto稱王坐大的機會。幸好，這個開闊多風的環境，不只很適合不耐旱又對氣候變化敏感的Dolcetto，甚至是造就高品質Dolcetto的必須，這才讓Dogliani逐漸以優質Dolcetto贏來美譽。（不過，當地的多數生產者往往也同時有Barbera和Nebbiolo。）

不同於許多繼承家業才成為酒農的同儕，也不像歷經戰爭、迫於生活才無奈伺候難搞Dolcetto的前輩，妮可和這個虐待狂品種之間，更像是相互吸引、相知相惜。我印象很深，2007年秋天初見她時，她穿著一件寬鬆的藍色大毛衣，襯著堅毅

的藍眼睛，駛著髒兮兮的貨卡，怎麼看都是經驗豐富的農婦。這讓人很難聯想，在成為農婦之前，她竟是從小長在米蘭、曾任職於Versace、活躍於時尚產業，還熱衷連結時裝設計師的生平和作品風格，甚至出版相關書籍、策畫展會的女子。但就在人生的某個時間點，她選擇拋下米蘭的一切，來到Dogliani，而她的購物清單也從過去的華服，一轉成了現在的葡萄園。

本來，妮可（右圖）只是單純地因為父親對Langhe葡萄酒的熱愛、和眾多知名酒農都是至交、從小就跟著在各家酒窖裡東晃西轉，這才讓美好的兒時回憶，成為她做出人生選擇的主要動機。於是，在沒有任何相關經驗和背景、幾乎對Dolcetto一無所知的情況下，只聽了友人的一句：「做酒，沒什麼難的」，就毅然買下莊園成為酒農。雖然她直到今天還是認為做酒確實不難，但是種好Dolcetto，可就不是這麼回事了。

從星座性格的角度來看，天蠍座的妮可和虐待狂品種Dolcetto之間的瘋狂吸引力，倒是相當合情合理。對於難搞難伺候的Dolcetto，她既不嫌累、也不怕難，還有取之不盡、用之不竭的毅力；愈是困難重重，反而只讓她愈挫愈勇、愈堅定不移。終於在相知相惜幾十年後，她說：「到了某個程度之後，你會愛上它，因為你會深切地感覺它需要你，它非得靠你才能活下去。」

Dolcetto, My Way！

於是，從剛買下莊園、一無所知迎接的第一個1992年，到1999年因為孩子出生，考慮到為了想讓孩子能盡情在葡萄園玩耍而走上有機種植，最終更步上最能讓葡萄發揮潛能的自然動力法，妮可花了近三十年，一點一滴積累出她對自家葡萄園和對Dolcetto的理解，也積累出如今的獨特風格，備受讚譽。

我記得當她在初春的葡萄園裡，映著和煦的陽光，耐著性子向我仔細解釋該如何剪枝、叮嚀請來的工人又犯了哪些錯誤時，幾乎是像母親那樣，慈愛中又有嚴厲。她正色地說：「葡萄園是一種必須用愛、用心去真誠投入，而且容不下謊言的

工作。因為只要出錯，最終就一定得付出代價。」不過，在葡萄園裡的步步為營，卻並未侷限她對酒款風格的想像。

所以當她在多年前因為想添購葡萄園、意外嚐到當地農家在上世紀六〇年代釀的酒時才發現，Dolcetto竟然還有不為人知的一面。她接著深入鑽研發現，**過去幾乎都在年輕時就被喝掉的Dolcetto，其實不只適合木桶培養，也暗藏長期陳年的可能性。**而全無經驗的她，恰好也因為這樣，才選擇用大膽而開放的態度，重新定義Dolcetto。當絕大多數生產者只看到Dolcetto甜美可愛的水果風味，滿足於只萃取簡單容易的物質、呈現傳統甜美討喜和灰姑娘般質樸的那一面時，對從零開始

認真探求、深刻思索的妮可來說，她卻看見了這位灰姑娘不俗的氣質、獨特的內涵，發現**多數生產者都忽略的Dolcetto面向——富含單寧、花青素和酚類物質，而且能嚴肅堅實。**

　　驚艷於上世紀六〇年代的農家Dolcetto，竟然能在三十多年後活力依舊，她便也開始自己的實驗：把最好的葡萄園、最老的老樹果實，經過長時萃取、緩慢釀造後，分別在大小、容量不同的木桶中經五至六年培養，再加上約四年酒槽培養（依年份不等）後才裝瓶，用至少十年光陰，試圖打磨出前所未有的Dolcetto。

　　我還記得在2007年第一次嚐到她名為「1593」的Dolcetto時，與會的一眾外國記者們對眼前這熟悉又陌生的風味，是如何驚艷和難以置信。即便是今天，持續微調的1593，仍然在全然圓滑豐腴的酒體外，清晰地以深長的單寧展現飽滿結構，用無可比擬的酸甜均衡果實展現出濃郁風味，配上長期培養發展出的複雜香氣，讓人為之眩惑。有人認為，這在盲品中很可能會被誤認為老派Barolo，也有人覺得濃郁的風味酒體神似風乾葡萄打造的Amarone，更有酒評家讚美她把Dolcetto提升到了另一個「往往只保留給像Nebbiolo

的嚴肅境界」。但是對她來說，她覺得自己只是看到了Dolcetto身上，其他人都選擇忽略的特點。

即便是基本款，她的Dolcetto都因為低產量的自然種植、盡可能在葡萄籽完熟後才採收，以及搭配野生酵母緩慢發酵、不吝時進行長期培養和瓶中熟成，最終往往在葡萄結實的六、七年後才上市，累積出同類酒罕見的豐富深厚。儘管她的這種作法在當地相當罕見，但是近年來的科學研究卻發現，不易氧化和褪色的Dolcetto，其實不只受惠於漫長培養中的氧氣接觸，還因為氧氣能和單寧、花青素

有更好結合，因此反而能在歷經多年培養後，仍然表現得就像是才剛裝瓶。經過科學研究證實的Dolcetto長命原理和釀造手法，妮可靠著和葡萄的心意相通，竟也心領神會。

就連Dolcetto普遍被認定的少酸少單寧特性，妮可都認為，這其實不代表Dolcetto就真的欠酸或缺單寧，而只是有不同於他者的質地。「Dolcetto的單寧不像Nebbiolo那樣源自葡萄皮，而更多是來自葡萄籽，只要一吃就能感覺。」她如此說著。就連過去常被認為是Dolcetto「特色」的杏仁味，妮可的經驗都讓她相信，

這些風味可能是果實尚未完全成熟，又或者像其他生產者認為的，可能是果實過熱所帶來的影響。因為絕大多數選擇走鮮爽風格、低酒精濃度的生產者，往往會刻意早收，這才讓酒常出現這類風味。

Barbera
農民眼中的模範生

和妮可因為一些因緣巧合而備感親近的我，倒是從她的酒裡喝到Dolcetto極盡天真無邪、純真美善的風貌，也感受到Dolcetto飽滿豐濃、勁道十足的另一面。但最讓我印象深刻的，是她Barbera裡那深藏在濃郁鮮美下、牢牢扎了根般的堅毅酸度。

沒錯，Barbera是個以酸度鮮爽豐富聞名的品種，然而卻往往和「深刻、堅毅」等關鍵字無緣。怎麼說，Barbera都更該像是輕快地吹著口哨、踩著小踏步般活潑開朗的酒。雖然Langhe也曾有名廠調侃：「如果Barbera是法國人的，那它就會是一種偉大的國際葡萄品種」。甚至也有當地知名的生產者，用認真的口吻宣稱：「Barbera就是義大利最偉大的品種之一」。實際上，Barbera的種植面積不只在義大利名列前茅，就連在全世界都能擠進前二十強，至少相當「國際」。但是關於

Barbera的「偉大」與否，或許就有角度上的問題。如果像生產者每每把葡萄比作自家孩子，那麼Barbera，絕對是這些父母眼中無可挑剔的模範子女。

從生產者的角度看，**如果Dolcetto是難養難帶的身障兒，那麼完全用不著操心就能自己搞定一切的Barbera簡直是天賜的完美孩童**：要顏色有顏色、要產量有產量，能抗旱、對環境適應力強，產量大也不影響酒款品質，只要不生黴病，在酒窖裡偶爾受到粗暴對待都不要緊，絕對是耐操好用第一名。

喝起來往往酸爽清新、帶有鮮美紅色漿果或偶有香料風味的Barbera，甚至把入門者往往不喜的生澀單寧都自動消音，也難怪在該品種有頂尖表現的Monferrato地區[3]，以Barbera聞名的自然派生產者法布黎丘·尤利（Fabrizio Iuli）會將其比作「能在賽場上掩護隊友的足球選手」。

餐桌上的全能選手

事實上，如果Chianti是義大利中部許多Toscana人心裡的葡萄酒代名詞，那麼**對更多義大利北部，或特別是米蘭一帶的人來說，紅酒的代名詞就是Barbera**。喝起來鮮酸爽口又不澀，純飲也全無負擔的

3. 也是傳說中未經證實的品種發源地。

Barbera，不只曾被米蘭出身的流行歌手喬吉歐‧蓋博（Giorgio Gaber）寫成〈巴貝拉和香檳〉（Barbera e Champagne）一曲傳唱，**老少咸宜又不搶戲的風味特性，更是義大利菜的最佳良伴，幾乎是餐桌上的全能選手。**或許，這正是家族正好曾經營餐酒館的法布黎丘，特別能掌握Barbera本質的原因之一。

就在法布黎丘（左圖）溫馨又條理井然的廚房裡，伴著起居室流洩的爵士樂音，他談到自己是怎麼從小就看著祖父和父親做酒的背影長大，也很幸運地能沿用家族相傳的古老葡萄園。儘管在上個世紀末，Barbera也曾被某些生產者刻意打造成某種「更重要的酒」，用更濃的風味、更多的新橡木桶培養成另一個樣子，但就像妮可說的：**那些刻意盛裝的Barbera，或許就像某些服裝設計師也會想透過作品表現的某種哲思或概念，只是多數人最終還是會回歸穿起來最舒適方便的選擇。**就像對法布黎丘而言，記憶中那些從農田只經最短距離就抵達餐桌、以純樸風貌呈現豐美原味的Barbera，才是他心目中品種該有的樣子。

因此在他的酒廠裡，看不到小型的新橡木桶，也沒有讓人望而生畏的高科技道具。甚至對Barbera很少被討論的「風土表

現力」，法布黎丘都認為，儘管Barbera在各地被廣為種植，但是只要願意傾聽，就不難發現**品種確實能回應不同風土，表現出細微的風味差異**。比方產於Langhe一帶的Barbera d' Alba，除了因為種植地塊較受限，加上土壤中往往含有更多泥灰岩和黏土，使酒較結實多架構；相較之下，葡萄園可選範圍更廣、整體含有更多砂質土壤的Barbera d'Asti，就更常見優雅風格和細膩酸度。順帶一提，前述兩者分別是DOC與DOCG酒款名。但是如果單看法布黎丘的酒，由於他的葡萄園海拔偏高、土壤也富含石灰岩和黏土，因此除了部分老藤果實的酒能有突出的陳年潛力外，整體酒款風格也更偏豐腴飽滿而非淡雅輕柔。

玫瑰和小草

事實上，除了Barbera和Pinot Noir，我還嚐到法布黎丘尚未裝瓶的Baratuciat。這種被認為源自Piemonte的白酒品種，本來一度被遺忘、甚至差點消失，卻因為地方上一位熱愛農業和大自然的職業動畫師喬吉歐·法卡（Giorgio Falca）的努力，才被成功保留，如今更成了酒評家眼中或許潛力不凡的白酒品種。對我來說，這款來自樹齡僅三年的未知葡萄汁液，風味倒是新鮮有趣：**帶著草本植物和**

白花芬芳，還在口中展現油桃般成熟黃色果實的甜美，兼有鮮爽酸度和杏仁糖般後味，清新卻不單調、豐厚卻不生膩，頗令人驚喜。儘管有酒評家把Baratuciat比為類似Sauvignon Blanc和Gewürztraminer的綜合體，我從法布黎丘的酒中卻感覺，Baratuciat遠比Sauvignon Blanc更有深度，也沒有Gewürztraminer可能的毛病。

對我來說，不管是法布黎丘仍儼然現榨葡萄汁般、鮮潤活潑的高齡十六歲大瓶裝Barbera，又或者老羅在2019年販售、甘醇濃香至極的2010年Barbera，甚至

是妮可花七年以上光陰才打磨出的那款飽滿中卻感輕柔、沉實又顯氣韻的2011年Dolcetto，這些打破既定印象、甚至遠超過我們想像的品種表現，其實或許都只在證明一件事：**玫瑰花或許能比小草更高價，但卻不比小草偉大。**

記得妮可曾經告訴我一個關於她父親的小故事。她的父親曾為義大利著名政治記者，有次因連夜趕稿弄到不修邊幅，卻在親自前往報社交稿時，被報社的門房誤以為是受託前往打雜跑腿的僕役，而差點進不了報社的大門。或許，只有那些真正

願意用心去看待不同品種的生產者才會發現，不管是Barbera、Dolcetto還是差點消失的Baratuciat，只要用心去看，所有狀似平凡、並不動輒被以「高貴、偉大」來形容的跑龍套品種裡，或許都藏著有待發掘的光彩耀眼。

08 千年灰姑娘的
偉大初頁

Nerello Mascalese內雷羅馬斯卡雷斯

有人把Nerello Mascalese（以下簡稱Mascalese）這種義大利釀酒葡萄，拿來和全世界以優雅細膩聞名、酒價也常是天下第一的Pinot Noir相比，甚至連它的著名產地──西西里島Etna一帶，都因此贏來「地中海布根地」的美名。

我雖然也曾嚐過些像布根地酒神亨利·賈伊（Henri Jayer）等一流的Pinot Noir作品，內心卻始終對Pinot Noir難有激情。但是對被相提並論的Mascalese，我卻私心以為，它的前程能比Pinot Noir遠有過之而無不及。畢竟，這光憑名字長度就可能斷送星途的葡萄，就像是才剛擦掉臉上煙煤、衣服上卻還四處沾著灰的「灰姑娘」。拖著蹣跚的步子上了臺，故事才剛要開始……

就像在我步出西西里的Catania機場、直奔Etna的路上，天氣瞬間就從晴轉多雲，很快更烏雲密布、迎來當年九月第一場滂沱大雨。狂暴的風雨一路隨蜿蜒山路上至Etna北部、海拔五百多米的Linguaglossa。在這16世紀建於火山熔岩的黑撲撲小鎮上，昏黑的天色、驚人的雷聲伴著風雨，一切就像是大自然為這顆義大利釀酒葡萄界古老新星，精心設計的磅礡開場。

185

Sicilia
Nerello Mascalese
重點產區

Milazzo

Messina

Trapani

Alcamo

Palermo

Cefalù

Taormina

Etna
DOC

Enna

Catania

Sciacca

Caltanissetta

Agrigento

Gela

Siracusa

Vittoria

Noto

Ragusa

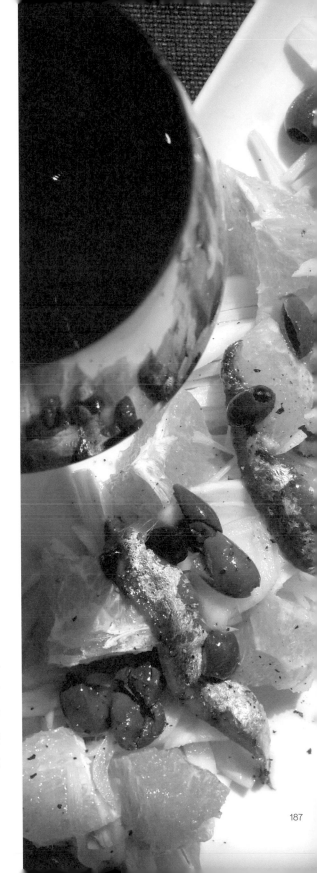

登臺二十餘年
能剛能柔潛力無限

　　身為本世紀義大利最被期待的釀酒品種，Mascalese可沒浪得虛名。它皮薄、芳香、色淡，有靈動豐富的香氣，能源源湧出帶著甜味的花香——**既像紫羅蘭、又隱約透出玫瑰，還能有熟透的紅色漿果芬芳，兼顧草莓香甜和野櫻桃酸鮮。**能有像藍莓、黑李的甜美，也能展現融合菸草、燻烤，還堆疊八角、茴香，甚至能有草本植物的綠色氣息和豐富礦物感，更別提它潤澤誘人的汁液、可能細緻的單寧，因此常被拿來和Pinot Noir相比。

　　曾經就有葡萄酒書作者，以儼然面相師的口吻斷定：「Mascalese顯然屬於高貴品種。」在Etna當地，也有頂尖生產者說Mascalese：「不只能像Pinot Noir，也能有結實單寧、雄渾內力神似Nebbiolo。」嶄露頭角二十多年來，Mascalese不只透過Etna的百餘個地塊，充分展現獨特性格和風土詮釋力，就連可能因為發展時間還不夠久遠而被質疑的陳年潛力，近年都似乎已被肯定。有趣的是，就在本世紀前，它還只是義大利邊陲西西里島上沒沒無聞的小角色，不料風水才轉了幾圈，它就一躍成了眾望所歸、義大利最可能釀出「偉大」葡萄酒的品種首選。

成敗西西里　火山灰裡藏晶

　　然而，一種偉大的葡萄，怎麼會一直覆著厚厚煙塵、長久以來都沒被發現？也許就像Linguaglossa鎮上那些用火山熔岩建成的房屋，乍看之下只見灰沉沉的樣子，但稍微仔細端詳，就能看見其間有礦石結晶在微微發亮。

　　主要長在西西里、種植也集中在埃特納周圍的Mascalese，論歲數或許比不上Etna那樣高壽，但要論年資，近年的研究似乎證明，Mascalese可能早在西元前7世紀已被希臘人帶上西西里，及至羅馬時代，更在Etna山坡開始適應環境。只不過，島嶼似乎並非留存文字紀錄的最佳環境，因此直到18世紀，造訪西西里的佛羅倫斯人才留下關於Mascalese的文字紀錄，上面不只記載整體西西里葡萄酒如何因精緻豐富而在歷史上廣受推崇，甚至點名了包括埃特納在內的數個優質產區。

　　及至19世紀，對葡萄酒顯然頗有見地的英國駐西西里領事則曾讚賞，說有些西西里紅酒喝起來「儼然純淨飽滿的布根地」，也有些西西里紅酒「根本和好的波爾多無異」。即便是西西里的白酒，都能展現「近似Chablis的風格，也有點Sauternes甜酒的影子。」當時，這些西西里酒不但已經陸續在世界各地的葡萄酒競

賽中贏得獎牌，被出口到美洲、歐洲，更曾登上國王的餐桌——1898年義大利國王翁貝托一世（King Umberto I）人在羅馬時，桌上除了法國香檳，還有就是來自北義Gattinara的Nebbiolo和西西里葡萄酒。

然而，儘管大自然對西西里寵愛有加，讓島上既不缺種植葡萄所需的優質風土，也多有性格突出的各色品種，但整體西西里葡萄酒的名聲，卻一直像火山口周圍總有熔岩流經的山坡——**每隔一段時間就又面目全非，每一次都是全新的開始**。這也是為什麼，即便在上世紀的九〇年代初，以成功打造Sassicaia、Tignanello、Solaia等「超級Toscana」酒款

聞名的義大利著名釀酒顧問賈柯莫·塔奇斯（Giacomo Tachis），都仍不認為色澤淺淡、口感也可能多澀多酸的Mascalese有多大潛力。倒是種植在埃特納附近的Pinot Noir讓他讚不絕口，甚至認為這些酒或許很快就能和布根地紅酒匹敵。

也許，就像西西里傳奇酒廠Marco di Bartoli已故莊主老馬可（Marco）過去常掛在嘴上的：「西西里什麼都好，唯一的缺點就是有西西里人。」巧的是，Mascalese在進入21世紀後的突飛猛進，恰好是因為來了許多「外地人」。

洞察偉大可能
外人的新視角

幸或不幸，法蘭克・柯尼利森（Frank Cornelissen，右圖）都不是西西里人。

他的車子，裡裡外外都沒有酒農車上常見的汙垢塵土。在他的酒廠，不管是門口排成兩排的收成用塑膠籃，還是角落裡出貨用的紙箱、牆上小黑板旁立著的幾支奇異筆，目光所及的幾乎所有物品，都像是用尺量好固定間距那樣，排得齊齊整整，極不義大利。

事實上，他是個上升處女座的比利時人。在本世紀初來到Etna前，甚至沒有過半點種葡萄或釀酒的經驗。但是對所謂「好酒」，他可熟悉得很。作為一個從小長在葡萄酒愛好者家裡的孩子，又有與生俱來善於比較分析、評鑑高下的性格，讓他很早就憑藉父親的波爾多名莊收藏，知道Pauillac的酒喝起來該和Margaux很不一樣。長大以後，他更因為對葡萄酒的熱愛而以此為業，長年經手最廣為收藏家追逐的世界名酒，讓他不管是對布根地的Domaine de la Romanée-Conti（簡稱

DRC）、Domaine Leroy，還是波爾多的Château Latour、隆河的Jean-Louis Chave，甚至最好的義大利Barolo，舉凡那些公認最偉大、最昂貴、最廣為收藏的名酒，他都知之甚詳，甚至在他落腳Etna之前，就幾乎已看遍全球主要產區。

於是，當他某次造訪Etna時，無意間喝到一家沒沒無聞小廠的酒，卻驚艷於酒中恰到好處的單寧和結構、無與倫比的細膩和優雅，這位深知「好酒」為何的老手赫然發現，一直種在本地的Mascalese，或許就是他心目中能鍛造出好酒的極速引擎，而持續噴發幾十萬年的Etna，正是能讓這引擎飆出極速的最佳風土。「可是，當時國際間幾乎還沒人在意Etna，也沒人聽過Mascalese，你怎麼就那麼篤定？」我試圖咄咄逼人，不料法蘭克停了好一會兒，才輕描淡寫地直視我的提問：「你就是知道，這裡有這種可能。」

也許，那是數十年經驗和品味內化成的所謂直覺和遠見。於是，法蘭克一方面有感於在上世紀九〇年代「調酒化」葡萄酒的大量出現，讓「風土」之於葡萄酒幾乎快成了奢侈品，加上他在西西里彷彿尋

到記憶中美好Piemonte舊日面影所生的懷舊情緒，於是興起重現風土葡萄酒的念頭。2001年，他創立同名酒廠，成為Etna生產者的一員。

　　巧的是，就在本世紀初聚光燈開始向Mascalese聚攏之前，約莫在法蘭克抵達的同一時期，其他外地人也不約而同都被Mascalese的潛力吸引。日後創建酒莊Tenuta delle Terre Nere的義裔美國人馬可・德歌拉齊亞（Marco de Grazia）、從羅馬到當地打造Passopisciaro酒廠的安德烈亞・弗蘭契提（Andrea Franchetti）等人當時看到品種在Etna的可能性，也都在日後成為讓Mascalese躍居國際酒壇寵兒的重要推手。隨著愈來愈多當地和外來生產者加入，Mascalese的名氣日益傳開，不只Etna

開始成為討論熱度居高不下的全球最熱產區，連生產者數目都成長了十倍以上。

高敏環境淬鍊過敏兒
偉哉 Etna

　　抵達Linguaglossa的第一晚，儘管才剛入秋，夜裡驟降的氣溫卻已經讓我在簡樸的民宿冷到輾轉難眠，還被風寒入侵。幸好，這種旅人習以為常的水土不服，對已在當地歷經幾千年寒暑的Mascalese來說，早就不是問題。哪怕Etna可能超過二十度的日夜溫差、從數百到上千米的各種葡萄園海拔，或是相對多雨的涼爽環境、每次火山噴發後可能隨之重組的土壤質地**……種種對其他品種來說可能嚴酷的環境**

考驗，在體質易感卻已充分適應當地的**Mascalese身上，反倒成了促進香氣表現和成熟度的助力，更是造就他處難以企及多樣性的天賜變因。**

身為道地西西里人、卻在本世紀初才來到Linguaglossa打造家族酒廠Vivera的羅列黛娜・維韋拉（Loredana Vivera，左圖）就告訴我，遼闊的西西里島不只有看似大陸而非島嶼的景緻，就連高度超過三千米的Etna也並非單一風土，而是**由多樣化土壤和氣候組成的風土萬花鏡**。比方在Vivera酒廠近海能迎來涼爽海風的葡萄園，就得天獨厚地具備有機種植的各種條件。當地的葡萄樹不像在其他產區那樣，長長的枝枒被固定成伸展開的雙臂，取而代之的則是未嫁接砧木的老樹，頂著被稱

為Alberello的樹形結構，屹立在當地連根瘤蚜蟲都難以生存的火山土。這種傳統樹形能讓葡萄無死角地接受光照，讓樹株不管是遭逢劇烈的氣候變化、又或者位於條件嚴苛的葡萄園，都仍能維持均衡生長。

此外，重建當地傳統的梯田葡萄園，也是維持葡萄園均衡的方式之一。儘管這項如今被列為世界文化遺產的做法所費不貲，但不只西西里島是義大利梯田面積最多的地方，Etna周圍的山坡地也是島上梯田葡萄園最密集的區域。羅列黛娜指出，降雨帶來的侵蝕，讓當地往往必須以石牆構築梯田葡萄園；而完全不用黏著劑構成的石牆，就是當地的古老傳統。在Vivera的葡萄園，**重建梯田所需的石塊，甚至有不少是直接取自葡萄園裡隨處可見的火山**

熔岩。儘管如此，工匠們仍需先挖出一道溝渠，接著在溝裡以切割成適當大小的石塊砌出牆面，最後再以碎石填滿縫隙。這些由石牆圍起的梯田葡萄園，就像是對耕作者的時刻提醒——和火山爭地有多不易。

高處不勝寒
咫尺各相異

同樣不易的，還有登上歐洲海拔最高的葡萄園。儘管在Etna，約在三百米左右已經能找到不少葡萄園，但是許多生產者都認為，**從五、六百米往上到千米左右的高海拔，才是對Mascalese而言的精華地段**。幾天後，在Graci酒廠的里卡多（Ricardo）安排下，我們就乘越野車從普通道路轉入砂土小徑，隨著車子愈來愈顛簸、迎面撲來的風勢愈來愈強，周圍的景致也從寧靜的鄉村風景，逐漸進入某種失序的荒野。低矮的灌木、叢生的雜草，熔岩石塊築成的灰黑石牆斷斷續續，高大壯碩和茂密矮小的樹木緊挨著形成深淺不一的綠色背景——那是大自然獨有的秩序。在里卡多用手上那串鑰匙陸續打開了五道大小不一的閘門後，車子終於停在本廠最著名的Barbabecchi葡萄園——海拔超過一千米的歐洲第一。[1]

在這裡，我明顯感覺自己是外來者。樹齡超過百年的未經嫁接老樹，和周圍的蘋果樹、橄欖樹一齊，就像一群霸著馬路

1. 本書出版之際，義大利北部的 Cortina d'Ampezzo 已經出現海拔約位於一千三百米的新高葡萄園，雖然正式投產可能仍須一些時日。

中央做日光浴的狗，無畏地享受只屬於它們的Etna日月精華。在能將整個Alcantara河谷盡收眼底的坡頂，里卡多告訴我，**高海拔和日夜溫差不只讓本園的葡萄生長速度比山下往往慢一個月，收成更常遲至11月才能進行**，就連有機葡萄園常需要噴灑的波爾多液（Bordeaux mixture）[2]，在這都全無用武之地。老樹自然形成的超低產量，更讓本園的單位產出只有DOC產區規範的九分之一，即便和同廠其他葡萄園相比，往往也只有不到三分之一。

的確，Graci Barbabecchi 2014不只有豐富新鮮的莓果酸香，嚐來還有驚人的深厚感，幾乎可以感覺到當年葡萄在樹上的風味有多濃郁。這些強勁而不失優雅、豐

美中仍見清麗的酒液，儘管毫無疑問是最道地的埃特納風土，但卻非常的「西西里」，因為葡萄園的海拔高度遠超過產區法規對葡萄園海拔規範的上限八百米，而無法標示為埃特納DOC。

幸好，Graci旗下的其他葡萄園沒這問題。里卡多向我解釋，當初酒廠專程從義大利中部請專家來研究葡萄園土壤結構，結果不只發現相隔僅兩百米的Feudo di Mezzo和Arcuria這兩個不同地塊[3]：前者因砂石土壤而顯豐腴潤澤，後者則因更多石土壤帶來綿密的結構。甚至光是在Arcuria這個地塊，專家們最終都找到共五種不同的火山土壤結構，使得酒廠最後選擇將此地塊裡面積僅不到2公頃的Sopra il Pozzo獨

2. 編注：以硫酸銅（CuSO₄）和生石灰（CaO）調配而成，常用於葡萄園、果園和花園，以防止霜霉病、白粉病和其他真菌帶來的危害。
3. 編注：當地以 Contrada 稱呼地塊。

立出來單獨裝瓶。里卡多解釋：「**即使是種在同一塊梯田上的葡萄樹，前一排和後一排的品質與特色，都可能略有不同。**」

的確，多石的Arcuria，固然在2016年表現出細緻綿長的單寧和酸度，還帶著優雅香料風味且輕柔明媚，但是只在好年份才生產的Sopra il Pozzo 2015，卻因為砂和石交錯堆疊，帶來更輕盈歡快、更讓人魂牽夢縈的花香和空靈感。杯中偶爾透出的複雜成熟香氣，甚至讓人聯想到北義Nebbiolo釀成的雙B。

百餘地塊 千萬風情

事實上，埃特納這些共被劃成133個的地塊，就像布根地的列級葡萄園。同一地塊往往分屬許多不同生產者，只不過相較於氣候、海拔、土壤都相對均一的布根地，埃特納除了有更多樣的地形，還有能帶來不同微氣候的不等海拔。而根據所屬噴發時期的不同，土壤結構也可能從鬆散的砂土、到更結實的灰土，甚至有更多浮石、礫石，乃至於更大塊的火山熔岩。這些能讓葡萄樹更往下扎根的環境，再搭配許多高海拔葡萄園的百年以上未經嫁接老樹，就像是冰鎮溫度、注入方式、使用杯具、甚至泡沫型態都不同的愛爾蘭黑啤酒，最終在各家酒吧累積成不同滋味。因

此，**Etna即便在同一個年份，不同地塊的優劣都可能天差地遠，多元複雜也更勝布根地Pinot Noir**。

像是在同一生產者所擁有的地塊中，可能有像Graci旗下的Arcuria那樣，因為土壤結構而被分別裝瓶的例子，而在一些面積較大的地塊，也常見因為涵蓋不同海拔、樹齡、土壤結構等而被生產者選擇分別裝瓶，例如在以地勢陡峭聞名、風格能兼顧芬芳香氣和結實單寧的Rampante，除了往往依海拔高度分為上下兩塊以外，Pietradolce酒莊還把海拔更高、樹齡略老的地塊獨立稱為Barbagalli，推出同一地塊的共兩種酒。由於樹齡和海拔差異確實帶來成熟度和收成時間差，因此在我所嚐到Pietradolce Rampante 2016年中，就確實感受到14.5度酒精罕見的輕盈甜潤，搭配柔和多層的花果香，令人聯想到北義Nebbiolo的芬芳，引人遐想。至於在2015年的Barbagalli裡，更高的海拔和樹齡則加總成更深厚複雜的香氣和更富結構的口感，如果是盲飲，或許會讓我以為是來自北義的陳年雙B。

又比如在主要由火山灰和鵝卵石構成的Feudo di Mezzo地塊，儘管有著埃特納公認圓潤甜美、柔和可愛的酒風，但在不同時間點，於Graci的2016年酒款中所表

現出的豐腴潤澤、鮮爽可愛的液體草莓糖風格，卻和Tenuta delle Terre Nere酒莊2015年的酒款裡展現出的更多礦物、單寧和成熟風味截然不同。另一方面，以風格甜美又有結構稱著的地塊Santo Spirito，則是在Tenuta delle Terre Nere酒莊2015年的酒款中表現出櫻桃和玫瑰芬芳與細質結實單寧，但在Pietradolce酒莊2016年裡，則有更深厚結實的勁道，搭配更多香料和礦物感，豐富了同一地塊的不同面貌。

至於在講求精確的法蘭克手中，他也將自家同屬Feudo di Mezzo地塊的收成，依海拔高低和樹齡又細分為FM（Feudo di Mezzo）和PA（Porcaria）兩種。相較於前者往往能具備布根地般的柔順、細緻，樹齡和海拔都略高的後者雖不易完全成熟，可是一旦條件俱足，卻能帶來我在Porcaria地塊2017年中感受到的驚人豐潤和結構。

磨合數千年
力與美的極致

法蘭克單獨以Barbabecchi葡萄園果實釀成的2017年Magma酒款尤其精采：百年以上未經嫁接的Mascalese老樹，加上海拔八、九百米的葡萄園位置，透過他愈趨成熟的自然派釀造，最終成就的是在層層疊疊香氣外，既濃郁又輕柔，讓人深切感受

Mascalese極致力與美的液體。明明每一滴都濃縮飽滿至極，卻仍然曼妙細緻、百轉千迴，曲折中還盡顯綿柔餘勁。讓我念念不忘的，還有他混合包括Barbabecchi葡萄園在內的幾個高海拔葡萄園果實，所釀成的2017年Vigne Alte。這些來自他最高海拔葡萄園的果實，同樣都是未經嫁接的老樹，但是因為包含更多不同風土，因此以無與倫比的複雜和優雅，成為我印象裡最楚楚動人、最讓人難忘的那個。儘管對法蘭克來說，這一切「就都只是這裡的風土」。

法蘭克表示，混調數個地塊的Vigne Alte酒款，往往是他眾多酒款中表現最神似布根地的。「雖然單一園的Barbabecchi葡萄園本身也已趨近完美，酒甚至往往在發酵過程中就已展現出最均衡的香氣。但是，調配當然能帶來更均衡的酒……」他接著說：「**單一園則是更能凸顯地塊個性、更精確的酒。**當然，年份在這裡也是一大挑戰，很多時候因為收成太少所以只能調配。」法蘭克的這番話，讓人或許以為他對調配來者不拒，沒想到埃特納傳統上常見以Nerello Capuccio（以下簡稱Capuccio）混調Mascalese的做法[4]，卻意外地觸及他「Mascalese純粹主義」的敏感神經。

只見法蘭克提高了音量，邊說還邊激烈地舞動雙手：「我不懂為什麼要在Mascalese裡加入Capuccio這個品種。沒錯，它可以帶來更多顏色，但它的用處差不多也就是這樣。我在部分調配酒裡這

---

4. 傳統上常和Mascalese一起組成當地紅酒的Cappucio，按Etna DOC的法規，可在紅酒中占比至多兩成。加入色澤較深、可能帶有更多花香以及柔和果味的Cappucio，除了能替酒增色，也能讓原本可能多酸艱澀的Mascalese更柔順可親。

樣用，純粹是因為在老的葡萄園裡本來就有這品種，但是這不會出現在我的單一園裡。」他接著做了個尖銳的比喻：「就像不會有人在最頂級的Romanée Conti葡萄園裡種Gamay品種是一樣的道理。」

法蘭克直率的發言，對Gamay生產者來說或許稍嫌刺耳，但對我來說，他的直接尖銳，幾乎就像晚熟Mascalese與生俱來的高酸和富含單寧的本性那樣，深得我心。不過當他在細數這品種有多迷人時，流露的又是儼然慈父對子女般的憐愛：「你知道，**Mascalese因為生長期很長，所以能很完整地展示風土**，特別是在Etna，Mascalese幾乎對所有不同土壤都很敏感。」他接著指出：「這裡的葡萄園，能在幾百米之內就展現喝得出來的風土差異，」然後揶揄道：「不像其他地方，只能仰賴行銷。」

當他邊說邊凝視眼前布滿紅點的Etna葡萄園地圖時，甚至稍顯無奈和憂心：「也不知道什麼時候才能研究完」。圖上的每一個紅點，都代表著一個有潛力的單一葡萄園。但是一提起通過嚴酷環境考驗的Mascalese，他又充滿父親的驕傲：「只有在這裡，它們才能在完全成熟後展現出難得的複雜度。那是既能有香氣、也能有酒體；能有細瘦的骨架顯得深遠，也能在

豐滿外放的同時透出肌力的獨特細膩表現。」

極速微調 邁向偉大初頁

　　在試完一輪法蘭克的酒後，我對Mascalese的能耐已經毫無疑慮，但困惑卻還在，於是我問道：「很多人認為Mascalese是結合了Pinot Noir和Nebbiolo？」法蘭克對此解釋：「按照釀造方式的不同，我認為Mascalese在這裡可以展現更多接近Nebbiolo的那一面。」他的回答，讓我內心隱隱鬆了口氣。雖然現下的確有許多Mascalese以神似Pinot Noir的精緻優雅，擄獲不少愛好者，「但是到目前為止，Mascalese作為偉大品種的陳年潛力，似乎還不足以讓人信服？」我繼續追問著。「除非你認為什麼酒都一定要能放四十年以上才能叫好酒！更何況，很多酒雖然能放，但是它也可能在年輕時完全沒有變化和樂趣，所以真正困難的是，如何在過程中一直維持香氣和複雜度。對我來說，十五到二十年或許是必須，而Etna的Mascalese，在這部分早已證明自己。」法蘭克毫無保留的信心，讓我對Etna的Mascalese，也再無疑慮。

　　然而，對一個只用了二十多年，就展現出積累數千年份爆發力的品種，

Mascalese似乎仍有許多待解的謎題。例如關於那些未經嫁接的老樹，我就忍不住一問：「所以相較於嫁接過的，未經嫁接就一定比較好嗎？」法蘭克臉上露出微笑：「這是個好問題，根據我的經驗，重點應該還是在於原本樹株的DNA組成是否優異；DNA是本質，嫁接與否只是多少影響發揮的潛力。如果樹株的本質就不夠好，無嫁接也無法提升，所以**無嫁接不一定就是最好，只是讓樹種本身的力量可以得到較好的發揮**，當然如果樹種的本質已經很棒，無嫁接當然更能如虎添翼。」

「如果是這樣，那什麼才是最棒的DNA呢？」法蘭克的豐富經驗和知無不言，讓我也忍不住一個接一個地追問。不

料，這個問題迎來的竟是一句「我不知道」，接著他說：「因為還沒有任何人知道。」我驚愕地看著他：「難道沒有研究機構或什麼單位？」我先是按捺不住，隨即又忽然一陣放心。「我們現在需要的應該是，先要知道到底想做出怎樣的東西，然後想辦法去找出可以符合這些需求的正確DNA，做出選擇。事實上，我們和附近的幾家酒廠有在交換意見，然後有可能近期就會選出最適合本地的。」法蘭克這樣解釋。「難道這些過去都沒有歷史紀錄？」我話才出口，下一秒心裡已經卻隱約有答案，只見法蘭克雙手一攤：「這些根本不重要，因為過去不管是哪種葡萄，比方Mascalese或白酒用的Carricante，當地生產者都只是盡可能地要求產量，所以當

我們現在其實是想要求品質時，還是得重新回到土地和葡萄樹，去找是哪些DNA，能讓Mascalese在今天的環境下得到最佳的均衡。所以，其實Mascalese在Etna只算是翻開了第一頁，所有的研究也才剛開始。」他接著比喻：「我們現在就像是賽車手，只確定有一臺不錯的車子，但是要怎麼讓這臺車跑出極速？調整胎壓、設定引擎，還是做些其他什麼？一切都還在逐漸摸索。」

聽到這裡，我內心忽然感到莫名的澎湃。想到曾在某本葡萄品種書上讀過「只有Pinot Noir能挑戰Nebbiolo的風土詮釋力」之類的句子，書中甚至以兩地都有精細的葡萄園地塊名作為佐證。或許就像曾寫過《義大利遊記》（*Viaggio in Italia*）的德國文豪歌德（Johann Wolfgang von Goethe）曾說過的：西西里是一切的關鍵。在西西里、在埃特納，每次噴發都能帶來全新開始。已經在此歷經數千年生存競爭的Mascalese，儘管仍充滿未知和謎團，但是關於這場風土詮釋力的王者之戰，Mascalese才正要透過他處無法複製的風土，以浩瀚的風味宇宙，開啟偉大的初頁。

一切都還只是開始。

附錄：推薦品種酒單

　　本書所挑選出的建議酒款，是試圖以市場上能找到的義大利葡萄酒為主，盡可能挑選出能展現出特定品種風格的優質生產者，儘管絕大多數酒廠礙於篇幅只能推薦單一品種（但義大利酒書免不了會有少數例外），不過多數優質生產者往往對不同品種都有一定程度掌握，因此整體而言也都相當推薦。除了目前能在本地市場上找到、或曾經出現在本地市場上的優質生產者外，本酒單也涵蓋部分目前臺灣仍未進口的生產者，除了希望這些酒未來都能出現在本地市場外，也希望大家能在酒單所列近五十個品種外，對其他從未聽聞的各種義大利品種都敞開心胸，盡情去發現。

章節	品種	產區	類型	酒名
01	Piedirosso	Campania	清淡紅	Mustilli Artus Piedirosso Sannio Sant'Agata dei Goti
01	Falanghina	Campania	爽口白	Mustilli Vigna Segreta Falanghina del Sannio Sant'Agata dei Goti
01	Fiano	Campania	爽口白	Cantina Giardino Tu-Tu
01	Fiano	Campania	中等白	Terredora Fiano di Avellino
01	Fiano	Campania	中等白	Cantina del Barone Paòne Fiano
01	Greco	Campania	氣泡酒	Feudi Di San Gregorio DUBL Greco Brut NV
01	Greco	Campania	中等白	Cantine dell'Agnelo Miniere Greco di Tufo
01	Greco	Campania	中等白	Pietracupa Greco
02	Aglianico	Basilicata	中等紅	Basilisco Aglianico del Vulture Superiore Fontanelle
02	Aglianico	Basilicata	濃郁紅	Elena Fucci Titolo Aglianico del Vulture
02	Aglianico	Campania	濃郁紅	Mastroberardino Taurasi Radici Riserva
02	Aglianico	Campania	濃郁紅	Quintodecimo Terra d'Eclano Irpinia Aglianico
02	Aglianico	Campania	濃郁紅	Il Cancelliere Nero Né- Taurasi
02	Aglianico	Campania	中等紅	Pietracupa Taurasi
Part 1	Gaglioppo	Calabria	中等紅	Librandi Duca San Felice Ciro Riserva

Part 1	Gaglioppo	Calabria	中等紅	Ippolito Colli del Mancuso Ciro Classico Superiore Riserva
Part 1	Gaglioppo	Calabria	中等紅	A Vita Ciro Riserva
Part 1	Tintilia	Molise	中等紅	Cantine Catabbo Tintilia Vincè Riserva
Part 1	Negroamaro	Puglia	中等紅	Tormaresca Masseria Maime Negroamaro
Part 1	Susumaniello	Puglia	中等紅	Rubino Torre Testa
Part 1	Primitivo	Puglia	濃郁紅	Conti Zecca Cantalupi Primitivo
03	Verdicchio	Marche	氣泡	Casal Farneto Primo Verdicchio dei Castelli di Jesi Spumante Brut
03	Verdicchio	Marche	濃郁白	Pievalta Dominè Verdicchio dei Castelli di Jesi Classico Superiore
03	Verdicchio	Marche	濃郁白	Borgo Palianctto Jera Verdicchio di Matelica
03	Verdicchio	Marche	濃郁白	Villa Bucci Riserva Verdicchio dei Castelli di Jesi Classico Superiore
Part 1	Pecorino	Marche	中等白	Aurora Fiobbo Pecorino
Part 1	Pecorino	Abruzzo	中等白	Tiberio Pecorino
Part 1	Trebbiano Abruzzese	Abruzzo	中等白	Emidio Pepe Trebbiano d'Abruzzo
Part 1	Trebbiano Abruzzese	Abruzzo	中等白	Tiberio Trebbiano d'Abruzzo Fonte Canale
Part 1	Montepulciano	Abruzzo	中等紅	De Fermo Prologo Montepulciano d'Abruzzo
Part 1	Montepulciano	Abruzzo	濃郁紅	Masciarelli Villa Gemma Montepulciano d'Abruzzo Riserva
Part 1	Montepulciano	Abruzzo	濃郁紅	Praesidium Montepulciano d'Abruzzo
Part 1	Sagrentino	Umbria	濃郁紅	Paolo Bea Rosso de Veo
Part 1	Grechetto	Umbria	中等白	Arnaldo Caprai Grecante
Part 1	Vernaccia	Toscana	濃郁白	Montenidoli Carato Vernaccia di San Gimignano
04	Sangiovese	Toscana	中等紅	Col d'Orcia Brunello di Montalcino
04	Sangiovese	Toscana	中等紅	Le Chiuse Brunello di Montalcino
04	Sangiovese	Toscana	中等紅	Biondi Santi Brunello di Montalcino
04	Sangiovese	Toscana	中等紅	Isole e Olena Chianti Classico

04	Sangiovese	Toscana	中等紅	Fontodi Chianti Classico
04	Sangiovese	Toscana	中等紅	Montenidoli Il Garrulo Chianti Colli Senesi
04	Sangiovese	Toscana	中等紅	Boscarelli Vino Nobile di Montepulciano
04	Sangiovese	Toscana	中等紅	Avignonesi Vino Nobile di Montepulciano
Part 1	Lambrusco	Emilia-Romagna	氣泡紅	Cavicchioli Vigna del Cristo
Part 1	Lambrusco	Emilia-Romagna	氣泡紅	Bellei Francesco & C Ancestrale
Part 1	Glera	Veneto	氣泡	Bortolomiol Ius Naturae Valdobbiadene Prosecco Superiore
Part 1	Corvina etc	Veneto	濃郁紅	Giuseppe Quintarelli Amarone della Vapolicella
Part 1	Corvina etc	Veneto	濃郁紅	Zyme Amarone della Vapolicella
Part 1	Corvina etc	Veneto	濃郁紅	Speri Amarone della Vapolicella
Part 1	Corvina etc	Veneto	中等紅	Monte dall'Ora Camporenzo Valpolicella Classico Superiore
05	Ribolla Gialla	FVG	濃郁白（橘酒）	Radikon Ribolla Gialla
05	Ribolla Gialla	FVG	濃郁白（橘酒）	Damijan Ribolla Gialla
05	Ribolla Gialla	FVG	濃郁白（橘酒）	Gravner Ribolla
05	Ribolla Gialla	FVG	清爽白 & 氣泡	I Clivi Ribolla Gialla & R_B_L_
Part 1	Terrano	FVG	清淡紅	Skerlj Terrano
Part 1	Schiava	Trentino-AltoAdige	清淡紅	Nals Margreid Pfeffersburger Schiava
Part 1	Teroldego	Trentino-AltoAdige	中等紅	Foradori Teroldego
Part 1	Fumin	Valle D'Aosta	中等紅	Les Cretes Fumin
Part 1	Cornalin	Valle D'Aosta	中等紅	Grosjean Cornalin Vigne Rovettaz
Part 1	Vermentino	Liguria	中等白	LVNAE Black Label Vermentino Colli di Luni
Part 1	Rossese	Liguria	清淡紅	Testalonga Rossese

Part 1	Moscato	Piedmonte	微甜白	Ceretto Moscato D'Asti
Part 1	Moscato	Piedmonte	微甜白	Saracco Moscato d'Asti
Part 1	Freisa	Piedmonte	清淡紅	Giuseppe Mascarello Toetto Freisa
Part 1	Freisa	Piedmonte	清淡紅	Vajra Kye Freisa
Part 1	Erbaluce	Piedmonte	中等白	Le Piane Bianko
Part 1	Timorasso	Piedmonte	濃郁白	La Colombera Derthona Timorasso
Part 1	Timorasso	Piedmonte	濃郁白	Roagna Montemarzino Bianco
Part 1	Ruché	Piedmonte	中等紅	CascinaTavijn Teresa La Grande
06	Nebbiolo etc	Piedmonte	中等紅	La Palazzina Bramaterra Riserva
06	Nebbiolo etc	Piedmonte	中等紅	Le Piane Boca
06	Nebbiolo etc	Piedmonte	中等紅	Castello di Conti Boca
06	Nebbiolo	Piedmonte	中等紅	Proprietà Sperino Lessona
06	Nebbiolo	Piedmonte	中等紅	Ferrando Carema
06	Nebbiolo	Piedmonte	中等紅	Produttori del Carema Carema Riserva
06	Nebbiolo	Piedmonte	濃郁紅	Flavio Roddolo Nebbiolo
06	Nebbiolo	Piedmonte	濃郁紅	Bartolo Mascarello Barolo
06	Nebbiolo	Piedmonte	濃郁紅	Giuseppe Rinaldi Barolo
06	Nebbiolo	Piedmonte	濃郁紅	Mascarello Giuseppe Barolo
06	Nebbiolo	Piedmonte	濃郁紅	Bruno Giacosa Barbaresco
06	Nebbiolo	Piedmonte	濃郁紅	Gaja Barbaresco
06	Nebbiolo	Piedmonte	濃郁紅	Produttori del Barbaresco Barbaresco
07	Barbera	Piedmonte	中等紅	Trinchero Vigna del Noce Barbera d'Asti
07	Barbera	Piedmonte	中等紅	Vietti La Crena Barbera d'Asti
07	Barbera	Piedmonte	中等紅	Cascina Iuli Rossore
07	Barbera	Piedmonte	中等紅	Cogno Pre-Filloxera Barbera D'Alba

07	Dolcetto	Piedmonte	中等紅	Roberto Voerzio Priavino Dolcetto d'Alba
07	Dolcetto	Piedmonte	中等紅	Domenico Clerico Visadì Langhe Dolcetto
07	Dolcetto	Piedmonte	中等紅	San Fereolo Valdibà Dolcetto di Dogliani
07	Dolcetto	Piedmonte	中等紅	Pecchenino San Luigi Dogliani
08	Carricante	Sicilia	濃郁白	Vivera Salisire Contrada Martinella
08	Grillo	Sicilia	中等白	Marco di Bartoli Grappoli Del Grillo
08	Frappato	Sicilia	清淡紅	Occhipinti Frappato
08	Nerello Mascalese	Sicilia	中等紅	Graci Arcurìa Sopra il Pozzo
08	Nerello Mascalese	Sicilia	中等紅	Frank Cornelissen Vigne Alte
08	Nerello Mascalese	Sicilia	中等紅	Passopisciaro Contrada Rampante/Contrada Guardiola
08	Nerello Mascalese	Sicilia	中等紅	Pietradolce Barbagalli
08	Nerello Mascalese & Cappucio	Sicilia	中等紅	Girolamo Russo Etna Rosso 'A Rina
08	Nerello Mascalese & Cappucio	Sicilia	中等紅	Tenuta delle Terre Nere Santo Spirito Etna Rosso
08	Nero d'Avola	Sicilia	濃郁紅	Gulfi Nerobufaleffj Nero d'Avola
08.	Zibibbo	Sicilia	濃甜白	Donnafugata Ben Ryé Passito di Pantelleria

義－中名詞對照

Abruzzo 阿布魯佐（大區）

Aglianico 阿里亞尼寇（品種）

Albana 阿爾巴納（品種）

Alberello 阿爾貝列羅樹形結構（專有名詞）

Alcantara 阿坎塔拉河谷（地名）

Alto Piemonte 上皮耶蒙特（地名）

Amarone 阿瑪羅內（酒款）

Aperitivo 開胃酒（酒款）

Appennini 亞平寧山脈（地名）

Arcuria 阿庫里亞（地塊）

Arneis 阿內斯（品種）

Asti 阿斯提（產區）

Avellino 阿維里諾（地名）

Baratuciat 巴拉圖奇亞（品種）

Barbabecchi 巴爾巴貝奇（葡萄園）

Barbagalli 巴爾巴加利（地塊）

Barbaresco 巴巴雷斯科（村）（地名）

Barbera 巴貝拉（品種）

Barbera d'Alba 阿爾巴巴貝拉（酒款）

Barbera d'Asti 阿斯提巴貝拉（酒款）

Barolo 巴羅洛 村 酒款

Barone Pizzini 皮濟尼男爵（生產者）

Basilicata 巴西里卡達（大區）

Basilisco 巴西里斯寇（地名）

Biancame 比央卡門（品種）

Biodynamic 自然動力法（專有名詞）

Boca 波卡（地名）

Bonarda 波納達（品種別名）

Bonarda Novarese 諾瓦雷波納達（品種別名）

Bonarda Piemontese 皮蒙波納達（品種別名）

Bordeaux mixture 波爾多液（專有名詞）

Borgo Palianetto 帕利亞內托（生產者）

Brachetto 布拉凱托（品種）

Bramaterra 布拉瑪泰拉（地名）

Brunate 布魯納特（葡萄園）

Brunello 布魯奈洛（品種別名）

Brunello di Montalcino 普通布魯奈洛（酒款）

Brunello di Montalcino Riserva 陳年等級的布魯奈洛（酒款）

Bucci 布奇（生產者）

Cabernet Sauvignon 卡本內蘇維濃（品種）

Calabrese 卡拉布列斯（品種別名）

Calabria 卡拉布里亞（大區）

Campania 坎帕尼亞（大區）

Canaiolo 卡內又羅（品種）

Cannonao 卡諾娜（品種）

Cantina dei Produttori Nebbiolo di Carema 卡雷瑪內比歐露生產者合作社（生產者）

Carema 卡雷瑪 產區

Carignan 卡麗儂（品種）

Carignano 卡利亞諾（品種）

Carricante 卡里坎特（品種）

Caserta 卡賽塔（地名）

Castelli di Jesi 耶西城堡（產區）

Castello di Conti 伯爵城堡（生產者）

Catania 卡塔尼亞（地名）

Catarratto 卡塔拉托（品種）

Cesanese 奇薩內斯（品種）

Chablis 夏布利（產區）

Chardonnay 夏多內（品種）

Château Latour 拉圖堡（生產者）

Chianti 奇揚第（酒款）

Chianti Classico 古典奇揚第（產區）

Chianzano 奇揚薩諾（葡萄園）

Chiavennasca 卡維納斯喀（品種別名）

Ciliegiolo 奇列久羅（品種）

Classico 傳統產區（專有名詞）

Clone 無性繁殖系（專有名詞）

Cococciola 可可巧拉（品種）

Collio 柯利歐（產區）

Cornalin 可那琳（品種）

Cortese 柯爾泰斯（品種）

Cortina d'Ampezzo 科爾蒂納丹佩佐（地名）

Corvina 柯維納（品種）

Croatina 克羅埃蒂納（品種）

Crua 庫魯瓦（葡萄園）

DOC 法定產區葡萄酒（專有名詞）

DOCG 法定產區優質葡萄酒（專有名詞）

Dogliani 多利亞尼（地名）

Dolcetto 多切托（品種）

Domaine de la Romanée-Conti; DRC 羅曼尼・康帝（生產者）

Domaine Leroy 樂花（生產者）

Emilia-Romagna 艾米利亞－羅曼尼亞（大區）

Erbaluce 艾巴露切（品種）

Etna 埃特納火山（地名）

Falanghina 法蓮吉娜（品種）

Falanghina Beneventana 法蓮吉娜－班內維塔納（品種）

Falanghina Flegrea 法蓮吉娜－佛萊格利亞（品種）

Falernian 法蓮妮（酒款）

Falleto 法萊托（地名）

Favorita 法芙麗塔（品種別名）

Ferrando 費蘭多酒廠（生產者）

Feudo di Mezzo 魅索園（地塊）

Fiano 菲亞諾（品種）

Fiano di Avellino 阿維里諾菲亞諾（品種）

Fontanelle 豐塔內雷（葡萄園）

Franciacorta 凡恰柯達（產區）

Frappato 法帕托（品種）

Freisa 費莎（品種）

Friulano 佛里烏拉諾（品種）

Friuli Colli Orientali; FCO 佛里烏利東山；東山（產區）

Friuli-Venezia Giulia; FVG 佛里烏利－威尼斯朱利亞（大區）

Fumin 福明（品種）

Gaglioppo 加里歐波（品種）

Gaja 歌雅（生產者）

Gamay 加美（品種）

Gambero Rosso 大紅蝦酒評（專有名詞）

Garganega 葛爾戈內戈（品種）

Gattinara 加提那拉（地名）

Gewürztraminer 格烏茲塔明內（品種）

Ghemme 更美（地名）

Giacomo Conterno 孔特諾（生產者）

Giuseppe Mascarello 賽斐・馬斯卡雷洛酒莊（生產者）

Giuseppe Rinaldi 朱賽佩・裡納迪（生產者）

Glera 葛萊拉（品種）

Gorizia 哥利齊亞（地名）

Graci 格雷西（生產者）

Gran Selezione 特級精選等級（專有名詞）

Grappa 渣釀白蘭地（酒款）

Grechetto 葛雷凱托（品種）

Grechetto di Orvieto 歐維耶托葛雷凱托（品種）

Grechetto di Todi 托迪葛雷凱托（品種）

Greco 葛雷科（品種）

Greco di Tufo 圖福葛雷科（產區）

Greco di Tufo 圖福葛雷科（酒款）

Grenache 格那希（品種）

Grignolino 格紐里諾（品種）

Grillo 葛易優（品種）

I Clivi 山丘（生產者）

IGT 地方餐酒等級葡萄酒（專有名詞）

Il Cancelliere 校長酒莊（生產者）

Irpinia 伊比尼亞（地名）

Isole e Olena 伊索利歐連娜（生產者）

Ivrea 伊夫雷亞（地名）

Jampenne 詹佩內（葡萄園）

Jean-Louis Chave 夏芙酒莊（生產者）

La Morra 拉莫拉村（地名）

Lagrein 拉格蘭（品種）

Lambrusco 藍布斯柯（品種）

Lambrusco di Sorbara 索巴拉藍布斯柯（品種）

Lambrusco Salamino 薩拉米諾藍布斯柯（品種）

Lazio 拉齊奧（大區）

Le Chiuse 樂姬司（生產者）

Lessona 雷索那（地名）

Liguria 利古里亞（大區）

Linguaglossa 林瓜葛羅沙（地名）

Lombardia 倫巴底（大區）

Lombardia 倫巴底（地名）

Maceratino 馬切拉提諾（品種）

Madeira 馬德拉（產區）

Maggiorina 馬玖林納剪枝（專有名詞）

Magma 熔岩（酒款）

Malvasia 馬瓦西亞〔品種〕

Malvasia Bianca di Basilicata 巴西里卡達白馬瓦西亞（品種）

Malvasia di Candia Aromatica 坎蒂亞芳香馬瓦西亞（品種）

Malvasia di Lazio 拉齊奧馬瓦西亞（品種）

Mar Adriatico 亞得里亞海（地名）

Marche 馬爾凱（大區）

Marco di Bartoli 巴托利馬可（生產者）

Margaux 瑪歌（產區）

Marzemino 馬贊米諾（品種）

Mastroberardino 馬斯特貝拉迪諾（生產者）

Matelica 馬泰里卡（地名）

Mayolet 馬尤利〔品種〕

Merlot 梅洛（品種）

Molinara 莫里納拉（品種）

Molise 莫利塞（大區）

Monferrato 蒙費拉托（品種）

Monforte d'Alba 蒙弗帖・阿爾巴村（地名）

Monica 莫妮卡（品種）

Montalcino 蒙塔奇諾〔地名〕

Monte Giove 吉歐威（地名）

Montemarano 馬拉諾山（地名）

Montenidoli 萬巢之山（生產者）

Montepulciano 蒙特普奇亞諾（品種）

Montestefano 蒙鐵史提方諾（葡萄園）

Montrachet 蒙哈榭（葡萄園）

Morellino 摩列里諾（品種）

Moscadello 慕斯卡德（品種）

Moscato Bianco 白蜜思嘉（品種）

Moscato d'Asti 阿斯提蜜思嘉（酒款）

Moscato di Alexandria; Zibibbo 亞歷山大蜜思嘉（品種）

Mustilli 穆斯提利（生產者）

Nascetta 納斯切塔（品種）

Nebbiolo 內比歐露（品種）

Nebbiolo di Gattinara 加提那拉內比歐露（品種別名）

Nebiule 內比優雷（品種別名）

Negro Amaro 黑曼羅（品種）

Neive 內依維村（地名）

Nerello Capuccio 內雷羅卡普裘；卡普裘（品種）

Nerello Mascalese 內雷羅馬斯卡雷斯（品種）

Nerello Mascalese 內雷羅馬斯卡雷斯；馬斯卡雷斯（品種）

Nero d'Avola 黑達沃拉（品種）

Nibiol 尼比歐（品種別名）

Nosiola 諾佐拉（品種）

Novara 諾瓦拉（地名）

Nuragus 努拉古斯（品種）

Orange Wine 橘酒（酒款）

Ormeasco 奧米亞斯科（品種別名）

Orvieto 歐維耶托（產區）

Oslavia 歐斯拉維亞村（地名）

Österreich-Ungarn 奧匈帝國（專有名詞）

Pantelleria 潘泰萊里亞島（地名）

Passopisciaro 帕索彼夏羅（生產者）

Pauillac 玻雅客（產區）

Pecorino 佩可利諾（品種）

Pelaverga 佩拉韋加（品種）

Perricone 沛利康（品種）

Picolit 皮可麗特（品種）

Picotendro; Picotener 皮可譚得羅（品種別名）

Piedirosso 紅腳（品種）

Piemonte 皮耶蒙特（大區）

Pietradolce 甜石（生產者）

Pievalta 皮耶瓦塔（生產者）

Pignoletto 皮諾萊托（品種別名）

Pinot Noir 黑皮諾（品種）

Porcaria 波卡利亞（地塊）

Prié Blanc 白皮耶（品種）

Primitivo 普米提沃（品種）

Produttori del Barbaresco 巴巴雷斯科生產者合作社（生產者）

Proprietà Sperino 普洛普利耶塔・史貝利諾（生產者）

Prosecco 普羅賽克（酒款）

Prugnolo Gentile 普紐羅（品種）

Puglia 普利亞（大區）

Rabajà 拉芭雅園（葡萄園）

Radikon 雷迪肯（生產者）

Rampante 蘭潘提（地塊）

Rebula 麗布拉（品種）

Refosco del Peduncolo Rosso 雷弗斯可（品種）

Ribolla Gialla 麗寶拉吉亞拉；麗寶拉（品種）

Riserva 陳年酒款（專有名詞）

Rivoli 里沃利（地名）

Rolle 侯爾（品種別名）

Romanée Conti 羅曼尼康蒂（葡萄園）

Rondinella 隆迪內拉（品種）

Rossese 羅賽斯（品種）

Rosso di Montalcino 蒙塔奇諾紅酒（酒款）

Ruché 魯凱（品種）

Sagrentino 薩格提諾（品種）

San Fereolo 聖費雷奧洛（生產者）

San Gimignano 聖吉米亞諾（地名）

San Paolo 聖保羅（村莊或產區）

Sangiovese 山嬌維榭（品種）

Sanguis Jovis 朱彼特的血（專有名詞）

Sant'Agata de' Goti 聖阿加塔德戈蒂（地名）

Santo Spirito 神靈（地塊）

Sardegna 薩丁尼亞（大區）

Sassicaia 薩西凱亞（地名）

Sauternes 索甸（地名）

Sauvignon Blanc 白蘇維濃（品種）

Sauvignon Vert 綠蘇維濃（品種）

Sauvignonasse 蘇維濃納斯（品種）

Scansano 史坎薩諾（地名）

Schiava; Schiava Gentile 史奇亞妊（品種）

Schioppettino 史奇歐佩提諾（品種）

Sciascinoso 夏西諾索（品種）

Scuola enologica di Alba 阿爾巴釀酒學院（專有名詞）

Serralunga 賽拉倫格村（地名）

Sicilia 西西里（大區）

Soave 索瓦維（產區）

Solaia 索拉亞（地名）

Sopra il Pozzo 井上區（地塊）

Spanna 史帕納（品種別名）

Spanna 斯帕那（品種別名）

Superiore 優等酒款（專有名詞）

Susumaniello 蘇蘇瑪尼耶羅（品種）

Syrah 希哈（品種）

Tanaro 塔納羅河（地名）

Taurasi 陶拉西（地名）

Taurasi Riserva 陳年陶拉西（酒款）

Tenuta delle Terre Nere 埃特納火山酒莊（生產者）

Tenuta delle Terre Nere 埃特納黑土（生產者）

Teroldego 特洛迪格（品種）

Tignanello 天娜露（地名）

Timorasso 提摩拉梭（品種）

Tintilia 亭亭利亞（品種）

Tocai Friulano 托凱佛里烏拉諾（品種）

Torino 都靈（地名）

Toscana 托斯卡納（大區）

Tradizionale 傳統白酒（酒款）

Trebbiano 特比亞諾（品種）

Trebbiano Abruzzese 阿布魯佐特比亞諾（品種）

Trebbiano d'Abruzzo 特比亞諾阿布魯佐（酒款）

Trebbiano di Soave 索瓦維特比亞諾（品種）

Trebbiano Toscano 托斯卡納特比亞諾（品種）

Treiso 特雷索村（地名）

Trentino-Alto Adige 特倫蒂諾 - 上阿迪傑（大區）

Tufo 圖福（地名）

Ugni Blanc 白玉尼（品種）

Umbria 翁布里亞（大區）

Uva di Troia 托雅（品種）

Uva Falerna 法蓮納（品種）

Uva Rara 烏瓦哈（品種）

Valle d'Aosta 奧斯塔谷（大區）

Valpolicella 瓦波里伽納（酒款）

Veneto 威內多（大區）

Veneto 威內托（地名）

Verdeca 維德卡（品種）

Verdicchio 維蒂奇歐（品種）

Verduzzo 維杜莎（品種）

Vermentino 維門提諾（品種）

Vernaccia 維那恰（品種）

Vernaccia di San Gimignano 聖吉米亞諾維那恰（酒款）

Vespolina 威斯波林納（品種）

Vigne Alte; VA 高地葡萄園（葡萄園）

Villa dei Misteri 神秘別墅（酒款）

Vin Santo 托斯卡納甜酒（酒款）

Vino Nobile di Montepulciano 蒙特普齊亞諾貴族（酒款）

Vionier 維歐尼耶（品種）

Vitis Vinifera 歐洲種葡萄（專有名詞）

Vivera 維韋拉（生產者）

Vuillermin 維樂敏（品種）

Vulture 維圖雷（地名）

一起來學
葡萄酒的義大利語

講者—義大利籍葡萄酒專家 Alessandro Zuttioni

產區

葡萄品種

專有名詞

講者介紹

即掃即學，
一起來說葡萄酒的
義大利語！

飲饌風流 117

喝遍義大利 II 品種漫遊

Aglianico、Barbera、Canaiolo……深入 20 大區酒廠與莊園、體驗超過 120 個葡萄酒品種，連結地方風土深度指南

作　　　者 / 陳匡民

總 編 輯 / 王秀婷
責 任 編 輯 / 郭羽漫
版　　　權 / 徐昉驊
行 銷 業 務 / 黃明雪

發 行 人 / 凃玉雲
出　　　版 / 積木文化
　　　　　104 台北市民生東路二段 141 號 5 樓
　　　　　官方部落格：http://cubepress.com.tw/
　　　　　電話：(02) 2500-7696　　傳真：(02) 2500-1953
　　　　　讀者服務信箱：service_cube@hmg.com.tw
發　　　行 / 英屬蓋曼群島商家庭傳媒股份有限公司城邦分公司
　　　　　台北市民生東路二段 141 號 11 樓
　　　　　讀者服務專線：(02)25007718-9　24 小時傳真專線：(02)25001990-1
　　　　　服務時間：週一至週五上午 09:30-12:00、下午 13:30-17:00
　　　　　郵撥：19863813　　戶名：書蟲股份有限公司
　　　　　網站：城邦讀書花園　網址：www.cite.com.tw
香港發行所 / 城邦（香港）出版集團有限公司
　　　　　香港灣仔駱克道 193 號東超商業中心 1 樓
　　　　　電話：852-25086231　　傳真：852-25789337
　　　　　電子信箱：hkcite@biznetvigator.com
馬新發行所 / 城邦（馬新）出版集團
　　　　　Cite (M) Sdn Bhd
　　　　　41, Jalan Radin Anum, Bandar Baru Sri Petaling,
　　　　　57000 Kuala Lumpur, Malaysia.
　　　　　電話：603-90578822　　傳真：603-90576622
　　　　　email: cite@cite.com.my

美 術 設 計 / Pure
製 版 印 刷 / 上晴彩色印刷製版有限公司

【印刷版】
2023 年 3 月 16 日 初版一刷
定價 / 750 元
ISBN / 978-986-459-484-9

【電子版】
2023 年 3 月
ISBN / 978-986-459-489-4

喝遍義大利 II 品種漫遊：Aglianico、Barbera、Canaiolo……深入 20 大區酒廠與莊園、體驗超過 120 個葡萄酒品種，連結地方風土深度指南 / 陳匡民作 . -- 初版 . -- 臺北市：積木文化出版：英屬蓋曼群島商家庭傳媒股份有限公司城邦分公司發行 , 2023.03
　面；　公分
ISBN 978-986-459-484-9(平裝)

1.CST: 葡萄酒 2.CST: 義大利

463.814　　　　　　　　　　　112001787

深入探索義大利
·好書推薦·

如果，你來佛羅倫斯
漫步在天堂美食與文藝復興之間

作者：法比歐・皮奇（Fabio Picchi）
譯者：林潔盈
19 X 24 cm / 平裝 / 240 頁

大廚法比歐化身導遊，擺脫旅遊書的刻板路線，透過他個人私密的記憶與情感，帶領讀者從居民的角度來觀看佛羅倫斯，也道出許多老字號商行與知名人物。下次你去佛羅倫斯，將會擁有一雙非常不同於以往的眼睛，以及相當頑皮的、佛倫羅斯式的情懷。

Eataly
義大利飲食聖經

作者：奧斯卡・法利內蒂
（Oscar Fainetti）
譯者：林潔盈
21 X 28 cm / 精裝 / 304 頁

看繪本學義大利語
（全新修訂版）

作者：劉向晨
繪者：張瓊文
14.8 X 19.5 cm / 平裝 / 160 頁

獻給所有嚮往義式真滋味讀者的一本書：從如何像個義大利人般走進店裡點份冰淇淋，到精挑食材端出一桌道地料理、再選瓶對味好酒；本書詳細介紹來自義大利各省分近千種食材、超過 150 道經典食譜（保證原味的作法和吃法），為你打開享樂餐桌的感官大門，是美食與廚藝愛好者與義大利風土迷一定要擁有的參考指南。

打破一般語言學習書的僵硬版型，以明亮、溫暖的手繪插圖搭配流暢生動的版面，為讀者勾勒出完整的義大利風情。從基本的音標、文法、常見詞彙到生活用語，不時補充義大利特殊文化背景介紹，亦透過描繪各種情境或景點來介紹字彙，讓讀者可在旅行時按圖索驥，是義大利語初學者或計劃前往義大利出遊的人必備的一冊。

跟著葡萄酒大師 MW Mark Pygott 喝出精華：
《33 杯酒喝遍法國》+《37 杯酒喝遍義大利》

作者： 葡萄酒大師馬克‧派格
譯者： 潘芸芝
繪者： 麥可‧歐尼爾

- 葡萄酒界最高榮耀、葡萄酒大師馬克‧派格一本書讓你理解世界兩大重要產品——法國＆義大利。
- 捨棄艱澀難懂的術語或技巧，透過圖解式漫畫，為想了解葡萄酒的讀者提供提綱挈領的捷徑。
- 介紹酒款及推薦年份皆為市場上可以買到，並附有酒莊位置地圖，也為每個產區列出代表性酒莊清單，提供最佳採購指南。
- 大師個人品飲筆記無私公開，幫助酒迷讀者輕鬆掌握記錄原則及訣竅。

33 杯酒喝遍法國

17 X 23 cm / 平裝 / 208 頁

想瞭解法國葡萄酒世界的讀者，一定要試試這本簡明易讀的著作！全書依產區列出 33 杯具代表性的的法國葡萄酒款，並提供產區地圖、點出各酒款的酒莊所在地，再由漫畫主角 Sniff 介紹該產區特色與單支酒款的深入剖析。另外，本書也附錄所介紹酒款的「大師品飲筆記」，以及最能代表該產區的業者產品，讓讀者能一本望盡法國葡萄酒可口、美味且多元的樣貌。

37 杯酒喝遍義大利

17 X 23 cm / 平裝 / 256 頁

本書依產區介紹 37 杯義大利具代表性的葡萄酒，並於各產區最末頁另列一份酒莊清單。之所以選擇這 37 款酒的特定年份，是因為它能展現出較冷／熱的生長季為杯中酒所帶來的影響，作者也以歐元表示各別酒款在義大利當地的售價供讀者參考。本書簡短扼要地指出釀酒人與葡萄植栽者的決定、種植技法、土壤與氣候變遷如何影響酒的風味，並帶領讀者在品飲筆記中學習各式考慮要點！

越昇國際 ASCENT WAY

擁有完整義大利20個產區之代表性酒款
提供義大利酒愛好者全方位的品飲體驗

門市 | 台北市中山區明水路535號1樓　電話 | 02-2533-3180

Jancis Robinson "The One Collection"
您唯一需要的一支葡萄酒手工酒杯
www.jrxrb.tw

ONE GLASS FOR EVERY WINE